你若不勇敢
谁替你 坚强

将来的你一定感谢现在拼命的自己
一本关于年轻人奋斗的人生规划书

——马丽婷/编著——

北方妇女儿童出版社

·长春·

图书在版编目（CIP）数据

你若不勇敢，谁替你坚强 / 马丽婷编著 . -- 长春：
北方妇女儿童出版社 , 2019.10
ISBN 978-7-5585-4180-3

Ⅰ . ①你... Ⅱ . ①马... Ⅲ . ①成功心理－通俗读物
Ⅳ . ① B848.4-49

中国版本图书馆 CIP 数据核字 (2019) 第 227926 号

你若不勇敢，谁替你坚强
NI RUO BU YONGGAN SHUI TI NI JIANQIANG

出　版　人	刘　刚	
策　划　人	师晓晖	
责　任　编　辑	关　巍	
排　版　制　作	尚唐一品	
开　　　本	880mm×1230mm　1/32	
印　　　张	6	
字　　　数	120 千字	
版　　　次	2019 年 10 月第 1 版	
印　　　次	2019 年 10 月第 1 次印刷	
印　　　刷	阳信龙跃印务有限公司	
出　　　版	北方妇女儿童出版社	
发　　　行	北方妇女儿童出版社	
地　　　址	长春市龙腾国际出版大厦	
电　　　话	总编办：0431-81629600	
	发行科：0431-81629633	

定　　价　　32.00 元

　　我们的生活并不是每天都是晴天，都充满阳光，有时它也会刮起狂风，下起暴雨，让你失魂落魄。人生难免遇到危险与陷阱，但你若不勇敢，谁又能替你坚强呢？也许，坚强是一场戏剧，能让人们破涕为笑；也许，坚强是一曲催人奋进的乐章，指引着我们在人生的道路上，勇敢地越过种种磕磕碰碰，努力向未来冲刺。

　　勇敢是一种品质，更是一种理智和智慧，它告诉我们如何去享受生活，如何去调节自己的心情，找到让自己快乐的秘籍。面对挫折和磨难，我们不应该过分地沉迷于痛苦和悲伤之中，不应该迷茫或迷失方向，更不要指望别人对你伸出援助之手，谁也不是谁的救世主，你若不勇敢，谁替你坚强？

　　灰心丧气，自卑绝望，自弃沉沦，那将会使你错失良机、终身遗憾。人都是脆弱的，但决不能懦弱，面对命运的打击和挑战，面对别人的诬蔑和中伤，你应该做的不是哭泣，而是坚强和勇敢，保持清醒冷静的头脑，坦然面对生活，从容面对现实，改变我们能改变的，接受我们所不能改变的。只有这样，我们才能展示自我，才能成为一个无坚不摧的人！

　　山有巅峰，也有低谷；水有深渊，也有浅滩。人生之路也一样，我们每个人都想一帆风顺，然而，一些意想不到的痛苦、挫折、失败总会猝不及防地袭来，让我们时而身处波峰，时而沉入谷底。你若不勇敢，谁又能替你坚强呢？

不是每段路，都有人在身边默默地陪伴；不是每个难题，都有人及时地伸出援手……纵然真的有那么一个人愿意为你遮风挡雨，可谁也不敢保证，当突如其来的风暴降临时，他或她，是否还在你身边？要真正强大起来，总得捱过一段没有人帮忙、没有人支持的日子。不要抱怨那些痛苦，只要咬着牙撑过去，从每一份痛苦中汲取生命的养分，内心就会开出坚强的花。不要怨恨命运，指责它忘记了厚爱你，你要知道，世间没有与生俱来的幸运，唯有努力地扇动隐形的翅膀，穿过所有的阴霾和阻挠，才能在阳光下翩翩起舞。

谁的生活不曾有崎岖坎坷，谁的人生不曾有困难挫折？既然不能逃脱人生前进途中必经的磨难，那我们就要拥有一颗百折不挠的心。更请你相信，人生中的种种考验终会过去，如同落花一般化为春泥，最终会获得丰富、美好的生活！

Mu Lu
目 录

第一章

克服磨难，挫折让人更成熟

　　曲折，在人生的旅途中难以避免。面对曲折，有人失去了奋进的勇气，熄灭了探求的热情；而有人却确立了进取的志向，鼓起了前进的风帆，从而磨练出坚韧不拔的性格。

经历过逆境，才能更坚实地立于大地上

人生就好像河流一样，都会经历这样或者那样的曲折，没有经历过逆境的人生是不丰满的。

在美国西部地区一个十分偏僻的小镇上，住着一个老爷爷。这个老爷爷曾经是一个木匠，现在开着一家家居店，因此，家居店中的家具几乎都是老爷爷本人制作的。那个时候，虽然小镇上也有其他家具店，但他们的家具都比不过老爷爷家居店中的家具好，因此人们都愿意来老爷爷的家具店购买家具。

其实，每一个家具店的家具在款式方面并没有很大的差别，所以老爷爷的孙子对自家家具比较受欢迎这件事感到疑惑。于是，孙子向爷爷询问："为什么小镇上的人都认为我们的家具好，喜欢购买我们的家具呢？"

爷爷并没有立即回答，而是很神秘地笑了笑，然后说道："明天，我带你去看一看答案。"

第二天大清早，天才刚刚亮，爷爷就将孙子叫了起来。他已经将牛车套好，把钢锯放到牛车上了。孙子自然知道，爷爷这是要进山去砍做家具用的木材了。他们一直走了十多公里的路，来到了一座并不是很高的山脚下，这就是他们要去的目的地。

只见爷爷走下牛车，将牛车拴在了山脚下后，拉着孙子的手走向山顶。孙子满心好奇地向爷爷问道："爷爷，山脚下有那么多树，我们为何一定要爬到山顶上去呢？这不是白白受累吗？"

爷爷面带笑容，用手指着旁边几棵树说道："你过去抱一下，看看这些树到底有多么粗。"当时，孙子仅仅只有七八岁，根本不知道爷爷究竟想要做些什么。但他还是很听话地将自己的双手伸了出去，一连试着抱了好几棵树。慢慢地，孙子发现，在这些树中，即便是最为粗壮的那棵树，他也能轻轻松松地抱住，这就说明这些树都还很细，很小。等他们登上山顶之后，爷爷又指着旁边几棵树让孙子再去抱抱看。孙子经过尝试后发现，山顶的每一棵树都非常粗壮，即便他使劲地伸开双手，也无法抱住。

"山顶的树不但又粗又壮，而且十分密实，用这种木材打出来的家具，既结实又耐用。"爷爷一边解释，一边用钢锯锯树。

"同样都是树，为何山脚下的树与山顶上的树会有如此之大的区别呢？"孙子觉得更加迷糊了。

这个时候，爷爷将手中的活计停下，轻轻地擦了一下额头上的汗，然后用手指着山北方向，问孙子："你看，山的北边是什么？"

孙子顺着爷爷所指的方向看去，除了辽阔的天空之外，什么也没看到。于是，他摇了摇头说道："我什么都没看见啊！"

这个时候，爷爷挥着手臂指着北方说道："怎么能看不到呢？那是北方刮过来的很强烈的大风与来自西伯利亚的寒潮啊。"爷爷一只手放在腰上，一只手指着远方，犹如一个令人尊重的指挥家。

"树的成长与大风、寒潮有关系吗？"

"当然了。相较于一般的树，常年经受着风吹雨打的树拥有着更强大的生命力，根系会更加发达，所以，它们能从土壤当中吸收更多的养分，因而才会长得那么粗那么壮。"说到这里，爷爷转了个身用手指着山南的山脚，继续说道："你再看那些生在山脚下的树，因为寒潮与强风来袭时，全都被大山阻挡了，所以那些树不会受到什么恶劣的影响，不管是树枝，还是根系，都不能得到有效地锻炼，因而长得又瘦小又脆弱。倘若使用那样的树木制作家具，那么不仅比较容易折断，而且还很容易遭到虫蛀。"听完爷爷的解释之后，孙子这才突然明白过来。

于是，他站在山顶上高声地喊出了一句话："我长大以后也一定要做山顶上的大树。"爷爷听后摸了摸他的头，开心地笑了。

如果想要获得令人艳羡的成功，那么就一定要经历痛苦的蜕变，因为成功的到来并非轻而易举。这就好比那些生在山脚下的树，因为缺少磨砺，所以它们的生命中少了很多张力，同时也多了不少安逸。

人生因为遭遇过逆境，经历过挫折，才能得到更好的历练，才会变得绚丽多彩。在这个世界上，没有人会喜欢磨难，可是如果磨难真的降临，我们应当坦然地接受，勇敢地面对。磨难犹如一个可恶的魔鬼，只要相中你，就会跟在你的左右，如影随形，直至把你打败。面对磨难，如果你选择逃避抑或是退缩，那么你必然会被折磨得更加凄惨。

天将降大任于斯人也，必先苦其心志，劳其筋骨，饿其体肤，空乏其身，行拂乱其所为，所以动心忍性，曾益其所不能。

经历过长夜，才可语人生

任何人的一生都不可能事事顺心，都会遇到或多或少的困难。面对困难，我们一定要坚强，因为只有经历了失败，才会更加成熟。只有经历过人生的长夜，才会有更加丰富和全面的视野，也更能够体会人生的种种滋味。

古时候，有一处荒地新建了一座寺庙。寺庙建好后，周边的善男信女们都觉得寺庙里少了一尊威严的佛像。于是，大家就四处打听，想要寻找一位技艺高超的雕刻师，帮助他们雕刻一尊精美的佛像。

这件事被法力无边的如来佛祖知道了。于是，如来派了一个擅长雕刻的罗汉化身为雕刻师来到了新建的寺庙附近。善男信女们也很快地找到了这位罗汉。罗汉选了一块质地非常好的石头，开始进行佛像的雕刻了。可是，他刚拿起凿子没凿几下，这块石头就喊起痛来。罗汉对它说："忍着点，如果我不好好地雕刻、打磨你，你如何能够得到人们的尊敬呢？"接着，罗汉又一次动手雕刻，但这块石头仍然哀号不已："痛死我了，痛死我了。求求你，饶了我吧！"罗汉实在忍受不了石头的叫嚷，只好停止了工作。后来，罗汉选了另一块质地远不如它的石头来雕琢。这块石头因为能被罗汉选中，感激不已，它深信自己一定能被雕成一尊精美的佛像。这块石头非常坚强，不管罗汉怎么雕刻、打磨，它都忍着不说一个"痛"字。

没过多久，石头就被罗汉雕刻成了一尊肃穆庄严的佛像，人们看到这尊精美的佛像都赞不绝口。渐渐地，这座庙宇的香火越来越旺，为了方便善男信女们行走，起先那块怕痛的石头被工人们搬去修路了。由于当初受不了雕琢之苦，现在它只得被人踩来踩去。看到那尊雕刻好的佛像被人们顶礼膜拜时，怕痛的石头心里实在不是滋味。于是，它愤愤不平地对路过此处的佛祖说："佛祖啊，我不服气！您看那块石头的质地远不如我，现在却享受着人们的膜拜，而我每天不仅要忍受日晒雨淋，还要被人踩来踩去，这太不公平了！"

佛祖淡然一笑说："那块石头的质地确实比不上你，它之所以有今天，完全是来自一刀一锉的雕琢之痛啊！是你自己忍受不了雕琢之苦，才得到这样的命运，这完全是你的造化呀！"

没有经历过失败的痛苦，又如何去承受成功的喜悦。其实，每个人都如同佛祖脚下的一块石头，想要享受成功，就必须承受常人难以承受的雕琢。这样，才能拥有一番成就。

无论你是谁，只要生活在这个世界上，就会遇到各种各样的困难。这些困难，在勇敢坚强者的眼里是前进的动力，若是放在懦弱者的心中，会把困难当作无法逾越的鸿沟。因为他们习惯高估一切困难，所以，他们一事无成。一个有着坚定不移的信心、坚忍不拔的毅力、坚强不屈的精神的人，能够使最困难的事情逐渐变成容易的事情，把不可能完成的任务变为有可能到达的高峰，最后走向成功的彼岸。

不经历磨炼，怎么能蜕变

如果你想成功蜕变，势必要经历各种磨炼。英国著名哲学家培根曾经说过："超越自然的奇迹，大多是在对逆境的征服中出现的。"

适度的挫折与磨难，可以帮助我们驱走惰性，促使我们奋进。只要我们保持健康乐观的心态，不畏艰险，直面挫折，把握机遇，幸福往往会不期而遇。

1964年9月，寂静的斯德哥尔摩市郊，突然爆发出一声震耳欲聋的巨响，滚滚的浓烟霎时冲上天空，一股股火焰直往上蹿。仅仅几分钟时间，一场惨祸发生了。当惊恐的人们赶到现场时，只见原来屹立在这里的一座工厂只剩下残垣断壁。火场旁边，站着一位30多岁的年轻人，突如其来的惨祸和过度的刺激，已使他面无血色，浑身不住地颤抖着……

这个大难不死的青年，就是后来闻名于世的弗莱德·诺贝尔。诺贝尔眼睁睁地看着自己所创建的硝化甘油炸药实验工厂化为灰烬。人们从瓦砾中找出了5具尸体，其中，4个人是他的亲密助手，而另一个是他还在读大学的弟弟。5具烧得焦烂的尸体，令人惨不忍睹。诺贝尔的母亲得知小儿子惨死的噩耗，悲痛欲绝，年迈的父亲因大受刺激而引发脑溢血，从此半身瘫痪。

事情发生后，警察局立即封锁了爆炸现场，并严禁诺贝尔重建自己的工厂。人们像躲避瘟神一样地避开他，再也没有人愿意出租土地让他进行如此危险的实验。但是，困境并没有使诺贝尔退缩。几天以后，人们发现在远离市区的马拉仑湖上，出现了一只巨大的平底船，船上并没有装什么货物，而是装满了各种设备，一个年轻人正全神贯注地进行实验。毋庸置疑，他就是在爆炸中死里逃生，被当地居民赶走了的诺贝尔！

无畏的勇气往往令死神也望而却步。在一次次令人心惊胆战的实验中，诺贝尔依然持之以恒地努力着，他从没放弃过自己的梦想。上天果然不会辜负有恒心的人，他终于研制出了雷管，这一发明是爆炸学上的一项重大突破。随着当时许多欧洲国家工业化进程的加快，开矿山、修铁路、凿隧道、挖运河等都需要炸药。

于是，人们又开始亲近诺贝尔了。他把实验室从船上搬迁到斯德哥尔摩附近的温尔维特，正式建立了第一座硝化甘油工厂。接着，他又在德国的汉堡等地建立了炸药公司。

一时间，诺贝尔的炸药成了抢手货，他的财富与日俱增。然而，初试成功的诺贝尔，好像总是与灾难相伴。不幸的消息接连不断地传来。在旧金山，运载炸药的火车因震荡发生爆炸，火车被炸得七零八落；德国一家著名工厂因搬运硝化甘油时发生碰撞而爆炸，整个工厂和附近的民房变成了一片废墟；在巴拿马，一艘满载着硝化甘油的轮船，在大西洋的航行途中，因颠簸引起爆炸，整个轮船葬身大海……

一连串骇人听闻的消息，再次使人们对诺贝尔望而生畏，甚至把他当成瘟神和灾星。诺贝尔又一次被人们抛弃了。

面对接踵而至的灾难和困境，诺贝尔没有一蹶不振，他身上所具有的毅力和恒心，使他对已选定的目标义无反顾，永不退缩。在奋斗的路上，他已经习惯了与死神相伴。

大无畏的勇气和矢志不渝的恒心最终激发了他心中的潜能，他征服了炸药，通过一次次的安全性测试，吓退了死神。诺贝尔赢得了巨大的成功，他一生共获专利发明权355项。他用自己的巨额财富创立了诺贝尔奖，被国际学术界视为一种崇高的荣誉。

挫折是成功的朋友，其中蕴含着苦难，也埋藏着辉煌。成功的到来，大都伴随着挫折的来临。很多时候，挫折会先于成功降临，一遍一遍，久久不愿离去。其实，历经挫折是为了让我们更好地珍惜那来之不易的成功。而成功本身，就是给那些在挫折中坚强不屈挺过来的人最好的奖章。

史坦雷先生16岁的时候是一家五金公司的收银员。他每天都卖力地工作，希望能通过自己脚踏实地的努力步步高升。他做起事来永远都抱着学习的态度，处处小心留意，一心想把工作做到最好，他希望得到经理的赏识。可万万没想到，经理不但没有提拔他，反而对他说："你这种人根本不配做生意，你走吧！我这里用不着你了。"

史坦雷听了之后仿佛五雷轰顶，他没想到自己努力工作的结果却是被辞退。一个年轻气盛的人，踏入社会不久，便遭到这样的挫折，换了谁也受不了，脾气坏一些的人可能早已暴跳如雷了。可是史坦雷没有这么做，尽管心里十分气愤，但他抑制住高涨的情绪，很平静地对经理说："好的，经理。说我没有用，是你的自由。我不能干涉你说话的权利，但是，你看着吧！我将来要开一家规模比这大10倍的公司！"

史坦雷没有被暂时的挫折打倒，反而比以前更上进了。因为他有了更大的目标，每次遇到困难的时候，他就想起经理的那番话。无论多难的事，他都咬着牙坚持了过来。几年后，他果然做出了惊人的成就，成为美国著名的玉米大王。

我们每个人在生活中都会遇到各种挫折，最好的对策就是正视它，并把它视为机遇。就如同在一年四季里，有风和日丽的日子肯定也有风雨交加的时候，要明白，只有狂风暴雨才能一洗空气中的尘埃，使空气变得清新，给天空挂上绚丽迷人的彩虹。

　　这就是人生路，当你面对人生中的风风雨雨时，记得摆正心态，勇敢前行，这样，幸运女神就会青睐于你，送你到达人生的顶峰。

之所以优秀，是因为生命的锤炼

优秀并非与生俱来的，成功亦不是一蹴而就的。优秀之人能从容淡定地在现实生活中安身立命，获得尊重，赢取成功，都是由于他们具有各种各样美好的品质，同时也是他们天长日久的努力与奋斗的结果。唯有将优秀视为习惯、懂得生命需要锤炼、不怕艰难险阻、勇敢前行的人，才能够获得美满的生活与成功的事业。

1944年4月7日，在萨克森州一个贫穷的家庭中，迎来了一个新生命，这就是施罗德。在他出生之后的第三天，父亲在罗马尼亚战死了。母亲做了一名清洁工，养活着他们和他的姐姐，一家人生活得极其艰苦。

生活的艰难使他们家背负着很多债务。有一天，债主上门来逼债，母子二人抱在一起大哭了一场。当时，年纪还很小的施罗德轻轻地拍着母亲的肩膀，柔声地安慰道："妈妈，不要伤心了，我保证将来我一定会开着奔驰车带你出去玩。"从此，他便朝着自己的目标不停地努力。

1950年，施罗德进入学校学习。由于没有办法支付学费，刚刚初中毕业，他就辍学到了一家零售店做学徒。因为贫穷，他经常遭受他人的轻视，这促使他下定决心必须要改变自己的人生："我必须要从这里走出去。"于是，施罗德一直悄悄地寻找着机会。

1962年，他辞了工作，来到一家夜校进行学习。于是，他白天做清洁工，晚上去夜校念书。通过学习，不但让他的收入增加了很多，也使他的知识增长了不少，为以后的大学梦奠定了很好的基础。

四年之后，施罗德从夜校结业之后，又成了一名哥廷根大学夜校的学生，他在这里学习法律大学毕业以后，他做了一位律师。32岁的时候，他又成了汉诺威霍尔律师事务所的一名高级合伙人。

在对自身的经历进行回顾时，施罗德这样说道："每一个人都要通过自身的勤奋努力，而非通过父母的金钱来使自己接受教育，这对于个人的成长是相当重要的。"

长期对法律的学习与研究，使得施罗德对政治产生了十分浓厚的兴趣。他积极主动地参与政党的集会，最终成了社会民主党中的一员。从此之后，施罗德在政界慢慢地锋芒外露、步步高升。

1969年，他做了哥廷根地区的主席；1971年赢得了政界的认可；1980年通过选举成了一名议员；1990年他通过选举当上了萨克森州州长，并且在1994年与1998年两次连任。在政坛中如鱼得水，使得他想要成为联邦政治家的雄心更加坚定。1998年10月，他当上了联邦德国总理。40多年的努力和奋斗，终于让自己的付出得到了回报。在他母亲80岁生日那天，他亲自开着奔驰车将母亲带到一家很大的饭店，为老人庆祝。

正是这种坚持不懈的自我推动力，不断地对施罗德进行激励，使他一步一步地冲着自己的目标前进，再前进，最终实现了自己当初对母亲的承诺。

大多数的成功者，都是在经历了无数次生命的锤炼之后，才取得了引以为豪的成绩。是什么使他们经受住了命运的考验？很显然，是他们优秀的品质。那么，大凡有伟大成就的大人物们都具有哪些优秀的品质呢？

其一，乐观自信

实际上，乐观与自信是一种生活态度，不论我们现在的生活状态怎样，我们都应该相信，只要经过足够的努力，我们一定能够让自己过得富足自得。乐观让我们性格开朗并受人欢迎，自信让我们变得独立、果断和坚强。乐观和自信是相辅相成的，相互促进的。

其二，谦虚自律

谦虚与自律是我们对自己的克制和把握，是对自己的一种态度。我们应该学会控制自己的情绪和行为，让自己能脚踏实地，通过努力稳步向前。

谦虚谨慎之人，擅长听取别人的意见与建议，能够虚心向他人请教，取长补短。对自己有自知之明，取得成绩时不骄傲自满，犯了错误时不文过饰非，能够主动承认错误，绝不再犯。

其三，勇敢坚韧

勇敢与坚韧是我们做事的一种风格，意味着我们敢于挑战自我、勇于冒险探索、敢于承担责任，同时，意味着不屈不挠，用忍耐和沉着来克服困难，赢得胜利。

其四，宽容仁爱

宽容和仁爱是与人交往的原则，是对他人的平等相待。以宽己之心待人，以爱己之情爱人。宽容对一个人意味着气质、胸怀与风度，意味着亲和力、凝聚力与感召力。宽容让彼此认同和理解，甚至化干戈为玉帛。仁爱会使人变得成熟，变得耳聪目明，会让自己融入他人的生活，共同分享各自的喜怒哀乐。

其五，合作责任

合作与责任是我们对他人、对社会的一种处事原则。意味着我们深知自己是社会的普通一员，是社会链条中的一扣。我们来自于社会，生长在社会，得到了他人的关照和付出，又和他人一起推动社会的文明进步，并在一定的时间，用自己的爱心、智慧、勤劳去回馈社会。

正因为成功者都具备这五种优秀的品质，并把它们当作自己生活中的习惯，才会渐渐地走向成功。

美国第 16 任总统——亚伯拉罕·林肯的成功也源于此。1858年，亚伯拉罕·林肯在参加参议院竞选时，有一位朋友真诚劝告他不要发表这次演讲。但是林肯回答说："如果命运注定我会因为这席讲话落选的话，那么就让我伴随着真理落选吧！"坦然的林肯虽然落选，但他并没有因此而灰心，他仍然活跃在政坛上，尽管有时会遭到讥讽与嘲笑，他都泰然处之。苍天不负有心人，两年之后，亚伯拉罕·林肯终于就任了美国总统，并且成了一位伟大的总统。他的丰功伟绩，为美国的历史增添了光辉的一笔。

为了梦想，我们必须学会勇敢和坚强，敢于迎接挑战，直面磨难。即使失败也决不放弃，大不了重整旗鼓，再来一次，在失败中成就辉煌。只要我们足够勇敢，只要我们足够坚韧，"精诚所至，金石为开"。

大浪淘沙，留下的皆为精华。在这纷繁复杂的社会中，稍有不慎，就可能会丢失了战胜挫折与磨难的信心和勇气，很容易掉进平庸无能的"痛苦之门"。想要从厄运中摆脱出来，活得更加精彩，就一定要保持积极向上的心态，拥有明确清楚的目标，勇于踩着困难，踏着挫折向前冲，直到摘取成功桂冠的那一刻。成功是一个持续积累的过程，优秀乃生命锤炼的结果！

坚持，一直到曙光降临

"水软无骨，却穿透了硬石，坚持不懈而已。"超人的毅力是一种无坚不摧的利刃，可以帮助你战胜人生的困境，摆脱生命的逆境。打造这样一把利刃，必定可以让自己的人生变得更加精彩。

生命的奖赏并不在旅途的起点，也不在路途的中间，而远在旅途的终点。任何人都不清楚抵达目的地需要走多少步，即便走到百步千步，等候在那里的可能依旧不是成功。那么，就再向前走一步，倘若仍然没有用，那就再继续前进一步。实际上，每次取得一点点进步，并不是太困难的事情，你必须要坚持不懈，直至成功。

美国有一个有名的作家，名字叫作约翰·肯尼迪·图尔。他经过长时间的精雕细琢，终于在1969年完成了长篇小说——《傻子们的同盟》。因为花费了大量的精力与时间，所以他对这部作品非常满意。但是，出版商们却不是这么想的。当约翰将自己心爱的作品送到几个与之相熟的出版商手里时，他们都没有给予约翰想要的答案，而是不约而同地选择了婉言拒绝。无奈之下，约翰不得不四处奔走，向其他出版商寻求帮助，但最终却没有一丁点儿的效果。

1970年，疲惫不堪的约翰彻底失望了，他实在不能忍受无法出版的打击，最后选择了饮弹自杀。至此，一个仅仅只有32岁的年轻生命消失了。在临死之前，约翰留下了悲伤厌世的遗言："我不单单对我的作品感到了绝望，而且也对整个社会感到了绝望。像我这么绝望的人，可以选择的路或许只有一条，那便是尽早死去，以便从这令人绝望的厄运中摆脱出来。"

尽管约翰对自己的作品与这个世界彻底地失望了，但他年迈的老母亲却没有因为自己老年丧子，且失去的还是自己唯一的儿子而放弃对生活的希望。虽然这位老母亲在刚刚看完儿子约翰的遗书之后，泪流满面地昏了过去，但她一醒过来就深深地感受到了自己身上的责任：她必须帮助儿子将出版的愿望实现。

于是，老人开始一家接着一家地去敲出版商的大门。其实，老人的遭遇与儿子是一样的，所有的出版商都拒绝了老人的出版请求，但与儿子不一样的是，她自始至终都坚定地相信儿子是一个天才作家，儿子的作品肯定也是伟大的。

于是，老人每天都坚持不懈地与那些出版商来往，她一次又一次地试图将出版商说服，但最终结果都没能如愿。每当出版商们听到老人说"总有一天，我儿子的这部作品会引起人们关注"的时候都感到十分好笑，他们怎么都不肯相信老人的话。老人遭受了很多次来自出版商的无情驱赶，但老人怎么都不愿意放弃，一年没成功，两年，两年没成功，三年……

很快，约翰·肯尼迪·图尔去世已经10年了。老人带着儿子的作品《傻子们的同盟》在被18家出版商拒之门外后，终于遇上了名声斐然的小说家沃西·珀西。沃西可以说是一口气将这本书读完的，随后对其赞不绝口，并且马上向路易斯安娜出版社推荐了这本书。路易斯安娜出版社的主编亲自对这部作品进行了审阅，他与沃西·珀西一样深深地陶醉于这部小说与众不同的构思与诙谐滑稽的语言，然后当即作出决定：以最快的速度，把这部作品问世。

1980 年，《傻子们的同盟》终于顺利出版。短短几个月，就迅速地在广大读者中引发了巨大的轰动。一年以后，美国普利策艺术奖开始进行评选，评选委员会在多番商量与讨论之后，终于达成一致意见：约翰的长篇小说《傻子们的同盟》为最终的获奖作品。

倘若约翰·肯尼迪·图尔能够一直坚持下去，那么十年之后，他的世界将会大不一样。一个文学大家因为几次拒绝就不再相信自己，没有坚持下去，在还没有出名时就去世了。对此，人们只能默默缅怀，唏嘘感慨。

然而，回头看一下那位老母亲，在这个世界上，恐怕没有几个人能够坚持做到如此程度。的确，十年的坚持，非一般人能做到。在人的一生中能有几个十年？但这位老母亲就这么执着地坚持了下来，这不能不让我们真切地感受到生命的力量！

在面对困难与磨难时，相信自己，坚持下去，你便是成功者。即便退一万步说你现在看起来像朽木，但只要你咬牙坚持，努力奋斗，那么朽木也是可雕的。况且这个世界上原本就不存在朽木，只不过缺乏一些"绳锯木断，水滴石穿"的精神罢了。

只要有心，一切皆有可能

为了让学子们正视人生的挫折，激发他们的潜能，导师经常这样教导大家：一个人不管遇到什么，只要有心，一切皆有可能。

人在一生中，不可能事事顺利，或多或少会遇到一些困难，甚至是比较大的灾难。当这些困难降临的时候，有的人无所畏惧，直面困难，并且将其视为一种生活的考验，一种难得的机遇，然后努力地使之转化为一种有利的因素；而有的人则畏首畏尾，为之屈服，并且不停地抱怨，他们将困难视为一种不能跨越的障碍，然后甘心认命，颓废一生。于是，这两种类型的人就得到了截然相反的结果：一种人成功了，成了令人瞩目且羡慕的天之骄子；另一种人失败了，成了最为平庸的凡人，整天庸庸碌碌，不知所谓。

美国是一个过分强调"年轻"的国家，不少老年人慢慢地察觉到了年龄的障碍，他们常常会有一种被架空或者被抛弃的感觉。比如，在美国著名人际关系学大师戴尔·卡耐基的学院中，有一名74岁高龄的矮个子老夫人，她就不知道自己剩下的日子应当怎样度过。

这位老夫人在退休之前曾经是学校的老师，可是她并没有积攒下多少积蓄，因此，为了给自己的精神与经济带来帮助，她需要继续去工作，以便能生活下去。她对卡耐基说："除了会教书以外，我还可以讲故事给小朋友听，而且还能够通过精心挑选，为每一个故事都配上相应的幻灯片。"

卡耐基认为，这正是她应当去做的事情，她完全可以重新开始自己的事业，去讲自己的故事。因此，卡耐基将自己的想法告诉了她。老夫人听完之后受到了很大的鼓舞，非常兴奋地再次投入到自己的事业中去。老妇人不再认为自己年龄大是障碍了。与之相反，她认为自己现在的能力反而比年轻的时候更棒，而且因为拥有十分丰富的经验，因此，她讲的故事都相当动听。

她亲自来到了福特基金会（这个组织曾经为美国文化的进步做出了巨大的贡献），宣传自己为幼儿园的小朋友制定的各种"说故事时间"的计划。她找到的人都向她提出一个要求，即"证明给我看"。于是，她非常详细地介绍了自己的计划，最终成功地将他们说服了。因为她的故事中蕴含着无限的温情、戏剧性以及诉求的力量，所以，他们十分乐意接受她的所有计划。

现在，这位老夫人就好像一个精力充沛的年轻人一样，满怀热情与信心。通过讲一些生动有趣的故事，给数不清的孩子送去了快乐。对她而言，年龄不再是困难，也不再是借口，她再也不会有这样的想法——我的年龄太大了，没有能力赚钱了。她重新对自己的才华与经验进行了衡量，制订出了一份非常详细的计划，踏踏实实地营造着属于自己的梦想。

没错，74岁已经不算年轻了，但是这也表明她对待生活更加有心。普通人认定她的年龄是最大的障碍，而她却可以将其视为一种激励与诱因，然后为自己的下一个梦想拼搏。的确，只要有心，一切皆有可能。

著名的文学剧作家萧伯纳对于那些经常抱怨环境阻碍的人是非常鄙视的。他说道："总是抱怨环境只可能让他们成为现在这幅样子。对于环境之类的借口，我从来都不相信。世界上每一个成就了一番大业的人，都是积极主动地寻找适合自己的环境。倘若不能找到这种环境，他们还会自己去创造呢。"

实际上，倘若我们刻意去寻找的话，那么每个人都能够找到各种各样值得抱怨的"困难"。比如，与别人相比，我们仅仅只有一条腿，但别人有两条；我们比别人更贫穷，我们的身材过分肥胖、瘦弱，长得有些丑陋，性格过于内向或者外向……只要我们想为自己制造出一些障碍和借口，我们只需要找到自己与别人的不同之处，就能够如愿以偿了。

不用心生活的人，往往将自己与别人不一样的地方视为障碍，渴望别人能够给予自己特殊的照顾。与之相反，那些用心生活的人，则能够十分清醒地看待自己与他人的不同之处，或者努力地改进自身的不足，以便取得进步。

所以，如果你想要让自己成为命运的宠儿，他人羡慕的焦点，那么不要忘了：困难与挫折并不可怕，只要有心，一切皆有可能。

万不可掉入绝望之渊

绝望在左，希望在右，千万不可掉入绝望之渊。

在现代社会中，有不少人的生活是不和谐的，就好似是缺乏润滑油的机器一样，发出又粗又难听的碾轧声。这个时候，他们十分需要温暖、喜乐以及柔和作为润滑油来进行调剂。而一个充满生活智慧的人，善于将"喜乐的油"分给垂头丧气的人，有时一句十分简单的鼓励话语，就能给绝望者带来一条生路。

李·艾柯卡是克莱斯勒汽车公司的总经理，而在此之前，他是美国福特汽车公司的总经理。作为一个聪明人，他的座右铭是："奋力向前。即使时运不济，也永不绝望，哪怕天崩地裂。"他的自传，印数达到了 150 万册之多，十分畅销。

艾柯卡在成功的道路上不只有阳光清风，也曾有过狂风暴雨。他的一生，用他自己的话来说，叫作"苦乐参半。" 1946 年，艾柯卡 21 岁，成了福特汽车公司的一位见习工程师。可是，他对于长时间待在机器身边，进行技术工作没什么兴趣。他喜爱与他人打交道，喜爱市场营销。

艾柯卡凭借自己的努力，最终实现了从一个普普通通的推销员到令人羡慕的总经理的蜕变。然而，1978 年，因为大老板的嫉妒，他被开除了。艾柯卡在福特汽车公司工作了 32 年，做了 8 年的总经理，工作上一直非常顺利。但是，突然间，他却被辞退了，成了失业人员。昨天他还是人人羡慕的对象，今天却成了众人躲避的人。在公司结交的所有朋友都将他抛弃了，这给他带来了相当大的打击。"一旦艰难的日子降临了，除了做一下深呼吸，咬着牙竭尽所能之外，实在也没有什么其他选择。"艾柯卡是这样说的，也是这样做的。他没有颓废，没有倒下。最后，在所有人惊讶的目光中，他去了一个即将倒闭的企业，即克莱斯勒汽车公司，担任总经理之职。

现在的艾柯卡是大家都知道的汽车事业上的强者。在刚刚进入克莱斯勒汽车公司的时候，他依靠着自己的聪明才智与过人的胆略，对企业进行了大刀阔斧的整顿与改革，并且求助于政府，在与国会议员进行激烈的辩论之后，获得了数额巨大的贷款，重振了克莱斯勒汽车公司的雄风。1983 年，艾柯卡还给了银行 8 亿 1348 万美元。到这个时候，克莱斯勒终于将所有的债务都还清了。

倘若艾柯卡是一个消极悲观的人，经受不住新的挑战，在巨大的挫折面前灰心丧气、一蹶不振，最终坠入绝境的深渊，那么他就与一般的失业者没有任何的不同了。正是由于不肯向挫折与命运低头的精神，使得艾柯卡成了人人尊敬的英雄。

关于不要自己掉进绝望的深渊，还有这样一个故事。

在寒冷的冬天，一个空旷、广袤的牧场，狂风夹杂着暴雪毫无阻拦地冲向牛群。在剧烈的暴风雪下，大部分的牛遭受着寒冷彻骨的大风，在风暴的推动下牛群缓缓地移动着，直至被地界上的篱笆拦住，它们就彼此靠在对方的身上，挤成了一团，无助而僵硬地忍受着大自然的暴怒。牛群逐渐地被巨大的风雪淹没，最后全都没有逃过死亡的命运。然而，有一种与众不同的牛——赫勒福德牛，其反应就完全不是这样。这些牛本能地逆着大风，直直地站立着，牛与牛肩并肩，低着头，努力地抵抗着暴风雪的侵袭。最后，它们都活了下来。

另外，还有这样一个故事：

在寒冷的冬季，草原上突然着了大火，大火借着强大的风势，越烧越猛，绝大多数的人都拼尽全力地奔跑，慌慌张张地逃命。然而，不管人们跑得多快，也不会快过风与火，他们逃得精疲力竭，最后还是死在了无情的大火中。然而，其中有几个人却没有像大部分人那样顺着火苗朝前奔跑，相反，他们毅然地选择了迎着火舌，向大火跑去，从凶猛的火舌中冲了过去，最终抵达了安全地带。尽管也有人受了些许轻伤，但是与那些丧命的人相比，已经非常幸运了。

实际上，命运对于每个人来说都是公平的。所不同的，只是人们对于自己所处的环境的理解不一样而已。要知道，环境不能对你的命运进行控制，唯有你本人应付生活的态度与行动，才可以决定你的成败。这就好像暴风雪与大火降临的时候，我们不应远远地逃离，而应当英勇地迎上去，直接面对险恶，可能还会有一条生路。

奥斯特洛夫斯基曾经说过："人的生命似洪水在奔腾，不遇着岛屿和暗礁，难以激起美丽的浪花"。大多成功的人都有着一种承受生活变故的能力，即使情况再艰难，他们也不会让自己沉溺于绝望的情绪之中，相反，困境只会让他们的性格更加坚强不屈，意志更加坚定，更有韧性。

人生没有回程票，过了就不可能再回来。如果你坠入痛苦的深渊不能自拔的话，只会与成功擦肩而过。告别苦痛的手，必须由你本人来挥动，跳出绝境的脚步，必须由你自己来迈开。如果你想要在成功之路上走得更远，那么你就必须要具有坚忍不拔的超强意志，毫不畏惧沿途遇到的困难，一路向前。

只要脊梁不弯，就没有扛不起的山

只有经历过地狱般的折磨，才有征服天堂的力量。正视自己生命里遇到的困难，在与困难的较量中获得力量和成长，困难越大，对你人生的帮助越大。或许只要坚持一下，再坚持一下，你就有机会向世界发出呐喊：我不是一个糟糕的人，我要征服世界。只要你永不屈服，只要你没有绝望，你就会变得心胸宽广，世界也就会渐渐露出希望的曙光。

1994 年，洪战辉的父亲突发间歇性精神病，导致妻子骨折，女儿意外死亡，家里欠下巨债。后来，父亲又捡来了一个和女儿年龄相仿的女婴。面对沉重的家庭负担，母亲离家出走了。年仅 13 岁的洪战辉，默默地挑起了伺候患病父亲、照顾年幼弟弟、抚养捡来妹妹的家庭重担。这副重担，对于成年人来说尚且不易，更何况是一个十几岁的孩子！但洪战辉没有退缩，一挑就是 12 年。为了养家糊口，他像大人一样，做小生意，打零工，收垃圾和种田。他把业余时间用来卖钢笔、书、磁带、鞋子和袜子，他在学校附近的一家餐馆做杂工，周末赶回家浇灌 8 亩麦地。在兼顾学业和谋生之时，他牺牲了几乎所有的休息时间。为了带好捡来的妹妹，洪战辉煞费苦心。每天晚上，他都让妹妹睡在内侧，以防父亲突然发病伤及妹妹。妹妹经常尿湿床单、被子，他就睡在尿湿的地方，用体温把湿处暖干。从高中到大学，他将妹妹一直带在身边，每天都保证妹妹有一瓶牛奶和一个鸡蛋，而他经常吃方便面。在怀化读大学期间，他安排妹妹上小学。为了治好父亲的病，受了很多苦。

2002年10月，他的父亲突然发病，因为没有钱，他不得不跪在精神病院门前恳求治疗，在他孝心的感染下，2005年底河南第二荣康医院主动将他父亲接去诊治。2006年，父亲的病情已明显好转，离家出走的母亲、打工的弟弟也陆续回家，一家人终于重新团聚。

从2006年开始，已成为公众人物的洪战辉，把他的爱传播到社会。为了帮助贫困学生，他在学校和政府的帮助下建立了教育助学责任基金。为推动青少年思想教育事业的发展，他应邀在全国各地作了150多场励志报告，并欣然出任"中国宋庆龄基金会青少年生命教育爱心大使"。他还多次到湖南、河南等贫困山区，与有困难的学生进行交流，捐赠学习用品。他说："我要力所能及地帮助需要帮助的人。"在不到两年时间里，已经出版了六本关于他的书，其中《中国男孩洪战辉》发行250多万册。

2008年11月18日，中南大学研究生洪战辉在四川省成都市闭幕的第六届"挑战杯"大学生创业计划大赛上获得银奖，带来了"德益教育服务有限责任公司"的项目。创办德益教育公司的想法来自于2007年底一位粉丝的感言。当时洪战辉被邀请到黑龙江省哈尔滨市做一次励志演讲，他的演讲给观众留下了深刻的印象。演讲结束后，一个女孩来找他说："我的家庭条件很好，没有经历过这些困苦，所以我一直没办法变得坚强，还和班里的同学搞不好关系。如果我经历了你这么多的曲折和苦难，可能我也一样变得很坚强。"

从那时起，他萌生了创办一家教育公司的想法，希望在周末、寒暑假期间给学生们提供励志教育。团队成立后，教育内容从最初的励志冬令营、夏令营、周末培训逐步拓展。大家调研发现，很多青少年教育问题的根本原因来自于家长，就增添了家长教育技能培训等内容。网络励志教育平台也建立起来，命名为大鹏网。洪战辉找了一些教育和演讲方面的专家来做指导，又邀请文花枝、杨怀保等一批"道德模范"举办励志讲座，撰写励志博客。洪战辉红心基金会作为德益教育公司的最大股东，确保将最大股东的红利投入到基金会的助学活动，还计划从公司的利润中拨出专项资金，支持社会公益事业。

只有经历过地狱般的折磨，才有征服天堂的力量。只有流过血的手指才能弹出世间的绝唱。洪战辉虽然在他小的时候，经历过各种艰难困苦，但他从没有向别人道过苦，也没有向别人乞求过，更没有怨言，始终表现出了豁达乐观的人生态度。对比之下，我们学习和生活中的一点挫折，又算得了什么呢？又有什么理由困在自怜和怨恨的深渊里，而忘记了美好的未来和广阔的人生境界呢？

锤炼生命的韧劲

你的生命力是脆弱的，还是坚韧的？这是一个至关重要的问题。因为有坚韧的生命力，你才可以坚持不懈地追求你的目标，忍受挫折，并且凭借着持续的投入，增加了你实现目标的可能性。生命动力必须是你自己的，然后必须磨炼得坚韧。如果你被迫或受诱惑去推动，那么这种推动就是压力，很难建立起生命韧劲。人生的意义在于选择，优秀的人知道，要相信你的内心，根据你的感觉去选择。就生命的长度而言，这些发自内心的选择有着深远的意义。如果你从来没有开始做自己的选择，你很难形成生命韧劲。

哈丽雅特·塔布曼出生在马里兰州的一个种植园里，是一个奴隶，历史学家认为，她出生在1820年，也可能是1821年，但大部分奴隶主没有记录她的出生，她的本名是阿拉明塔·罗斯，当她13岁的时候，她取了她母亲哈丽雅特的名字。奴隶的生活很艰难，哈丽雅特最初和她的家人住在一间只有一个房间的棚屋里，家里有11个孩子，当她只有六岁的时候，她被借给另一个家庭，在那里她帮助照顾一个婴儿，有时她会挨打，她只能吃些剩菜剩饭。1844年，为母所迫，与约翰·塔布曼结婚，因丈夫另有新欢而被迫离婚。

1849年，塔布曼的奴隶主死亡，为了还债，他的妻子决定卖掉奴隶，塔布曼在那年秋天逃往北方。在逃亡中，她得到了废奴主义者和贵格会教徒的帮助。逃跑后不久，她加入了帮助奴隶逃跑的"地下铁路"中，成为最活跃的向导。在地下铁路中，她化名"摩西"，她冒着南方悬赏逮捕的危险，多次潜回马里兰州带领逃亡奴隶，先后返回138次，亲自营救了3000多名奴隶，也成功将她的4个兄弟带到北方。

哈丽雅特的勇气和服务不仅在地下铁路，她主动提出帮助照顾在内战期间受伤的士兵，为北方充当间谍，甚至参与了一场军事行动，解救了750多名奴隶，内战结束后，哈丽雅特和家人住在纽约，她帮助穷人和病人，她还说到了黑人和妇女的平等权利。

你若光明，这世界就不会黑暗。你若心怀希望，这世界就不会彻底绝望。你如不屈服，这世界又能把你怎样。哈丽雅特·塔布曼一生都在为解放黑奴而奋斗，她被称为美国内战前最伟大的三位平民之一。她不识字，但她会思考；她铁骨铮铮，也不乏幽默；她勇敢无畏，信念坚定；她是世界上最勇敢、最善良的人，也是美国人心中的女英雄。在哈丽雅特·塔布曼去世100年后，美国财政部长雅各布·卢宣布，计划在新版20美元纸币上使用哈丽雅特·塔布曼的肖像，这是100多年来美国货币上首次出现女性头像。

第二章

世界如此险恶，你必须要勇敢

要想在竞争激烈的环境中快速发展，就务必要掌握自身的调节适应能力，摆脱经验之谈的束缚，勇敢接受和适应陌生文化的冲击，提升自身对未来变化的适应能力。别忘了，世界是险恶的，要想活出样子，你就必须要勇敢。

你与牛人之间的差距

"牛人未必比你'会做'，但一定比你'敢做'。"勇气是成功的钥匙。失去财产，你只失去一点儿；失去名誉，你失去了很多；失去勇气，你就失去了一切。

只要你鼓足勇气去干，那么就意味着你已经成功了一半，不敢尝试的人永远不可能做出一番宏伟大业。

的确，自古以来，凡是成功人士，都是有勇气挑战生命的勇士。他们的人生或许非常坎坷，他们或许经历了无数的大风大浪，但是每次风浪的到来，都会携带着机遇。勇敢的他们总能将许多困难重重的机遇转变成了现实生产力。对于别人不敢想、不敢做的事情，他们敢于去想、去做，正是因为他们有这样的勇气，他们才成功了。

卡耐基这位成功的创业者，凭借自己聪明的才能和善于抓住机遇的能力，让自己逐渐地变强变大，成为天下有名的大富翁。

1860 年前后，卡耐基还在宾夕法尼亚铁路公司西段担任秘书之职。一天，宾夕法尼亚铁路西部管理局局长斯考特先生突然问卡耐基："你能筹到 500 美元钱吗？"当时卡耐基的父亲刚刚去世，在支付了医疗费和丧葬费后，他只剩 50 美元了。斯考特看到他困窘的样子，便说："我有一位朋友过世后，他太太把遗产的股份卖给了一个关系很好的朋友的女儿。现在这个女子急需钱，想转让股份，是亚当斯快运公司的 10 股股票，需要 500 美元。红利是一股 1 美元……"

"这么多钱我实在是筹不到。"卡耐基非常无奈。

"那好，我先为你出这笔钱，你一定要买下这些股票"斯考特先生坚持让卡耐基做这笔生意。

第二天，斯考特先生有些犹豫了，他问卡耐基："不好意思，人家现在要卖 600 美元。你还要吗？"

卡耐基这次变的很坚定了，说："要，我肯定要。麻烦你先帮我付 600 美元。"由于斯考特先生昨天那么坚决的支持，让他坚定了信心，决定去拼一次。

1856 年 5 月，卡耐基用股票作担保写了一张 600 美元的借据，半年的利息 10 美元，给了斯考特先生。

半年后，卡耐基母子勤俭节约，到处筹借，通过各种方法总算还清了借款。过了一段时间，卡耐基收到了一份装着 10 美元钱红利的支票，他把这个交给了斯考特先生，将其作为了利息。卡耐基感觉自己完成了一件无比伟大的事业，很有成就感。

一个偶然的机会，一位叫伍德拉夫的设计师来找卡耐基，他设计出一种卧铺车，适合旅客夜间旅行，在当时这种车是比较先进的。卡耐基把他带到了斯考特的办公室，斯考特看了这个设计后，很有兴趣，于是与伍德拉夫达成了协议。

伍德拉夫说："你们要是想制造，就付给我设计费和专利使用费。"斯考特答应了，同时还提出要求："请伍德拉夫快点制造出两节来。"

从斯考特办公室走出来后，伍德拉夫对卡耐基说："卡耐基先生，你想不想与我合作这笔生意呢？我计划开一个卧铺车车厢制造公司，你只需出 1／8 的资金……也许这对您来说有些困难，你第一次只要付 217 美元 5 角，第二年按照同额的比例付款就可以。也就是说，随着订货的增多，再增加投资的金额……"

卡耐基很想与他合作，于是走访了匹兹堡的银行，申请贷款。银行对他的这个方案也很感兴趣，说愿意借给他，但是将来赚了大钱，一定要存入匹兹堡银行。

试投产后，卧铺车厢的订单很多，很多铁路公司都很看好这种新车型。卡耐基投入200余美元，一年内就获得了5000美元的红利。

卡耐基当初花600美元买的股票，3年后，就变成了500万美元，他由3年前的一个穷小子变成了富翁。他卓越的才能使他的事业一步步走向辉煌。

很多机会都有很大的挑战性，机遇到来的时候，也带着一定的风险。要想把机遇变成利益，并不是一件容易的事情。这样的机遇可能很多人都遇上了，但是他们也看到了巨大的困难和风险，能勇敢面对困难和风险，敢于尝试的人却很少。

敢想、敢闯、敢尝试的勇者才会拥有机遇。很多人习惯拾起大路边的机会，因为大路边的机会风险相对较低。通常很少有人愿意啃"难题"，但是难题中孕育的却是大机遇，一些人是因为害怕难题而不插手，还有些人是没有发现难题中的大机遇。其实，抓住一个"难题"要比你解决若干个简单的问题更有利。

大家都知道，胆小者总是前怕狼、后怕虎，遇上事情时，总是向后退。看上去似乎是明哲保身了，但机遇也与你擦肩而过了，你只能独自暗暗叹息。勇敢的人拥有上进心，敢于去尝试，能勇敢地面对一切，不怕任何的艰苦，于是抓住了机遇，成了命运的主人，造就了一番成就。因此，想要拿到成功的钥匙，打开成功的大门，必须要牢记：牛人未必比你"会做"，但一定比你"敢做"。只有敢于争取的人，才有可能心想事成！

坚强，跨过世间一切荆棘

很多人都应该听说过《风雨哈佛路》吧，在这部十分畅销的小说中，作者采用自传体的方式叙述了自己从黑暗慢慢走向光明的人生。

1980 年，在纽约布朗克斯区的贫民窟中，一个名字叫作莉姿·茉芮的小女孩出生了。尽管她的父母彼此都深爱着对方，但却因为嗑药成瘾，使得家中十分贫穷。当别的小朋友都在上学的时候，年仅 8 岁的莉姿却沦为一名小乞丐，以乞讨为生。为了活下去，有的时候，她与姐姐不得不依靠偷东西来饱腹。

15 岁的时候，莉姿的父亲与母亲都得了艾滋病，没过多长时间就先后去世了。从此，小莉姿与姐姐就成了无父无母的孤儿。

好在姐姐莉莎得到了好心人的帮助，能够到朋友的家中借宿，而小莉姿却无处容身，不得不于街头露宿。隧道、地铁以及公园中的长椅等，都曾是她夜晚睡觉的地方。而且，有些可恶的流浪汉还经常欺负她。

尽管生活困苦，但是莉姿从来没有放弃过希望，一刻也没有向命运低下过自己的头颅。她一直坚信：总有一天，她肯定能够从命运的枷锁中摆脱出来，与大部分人一样，过上普通却幸福的生活。与此同时，她也强烈地意识到，只有回到学校接受教育才能改变自己的命运。

用拾荒的钱回归高中读书之后，她常常在过夜的走廊上或者地铁站，完成老师留下的作业。即使没有温暖的家、没有固定的居所，莉姿却在两年内完成了需要四年才能完成的高中课程，并且因为成绩优异得到了《纽约时报》的奖学金，所以她顺利进入了常春藤名校读书。

在她去名校读书以前，谁也不知道，她依旧过着吃了上顿没下顿、于街头露宿的生活。不过，她却不觉得辛苦，在饱受欺凌与歧视的成长过程中，她学到了难能可贵的生活经验，更明白了知识的重要性。后来，莉姿依靠自己坚强的毅力，凭借全校第一名的优异成绩被世界著名大学——哈佛大学录取，并且还在哈佛大学取得了临床心理学博士的学位。

现在，莉姿经常到全世界各个地方去演讲，大力宣扬"有志者事竟成"的理念，并且经营了心灵工作坊，帮助人们将自身的潜能唤醒。

莉姿之所以可以收获成功，是因为她懂得：童年所遭遇的不幸并不能够成为她逃避现实的借口，只有选择坚强地面对，竭尽所能地努力与奋斗，才能改变自己的命运。因此，对于每个人来说，现实既非天堂也非地狱。因为不管你的出身怎样，不管你是穷人还是富人，只要你足够坚强，就能拥有改变自己人生的机会与能力。

居里夫人出生的家庭，是一个典型的精神富足但生活贫困的教师家庭，这也给了她和男孩子一样上学读书的机会。然而到了中学毕业之后，由于当时俄国沙皇统治下的华沙是不允许女孩子读大学的，居里夫人只能选择到乡村做一名家庭教师。

一个偶然的机会，她和朋友一起参观了一个小型的农业博物馆的实验室，在这里，她被这些瓶瓶罐罐和神奇的实验现象彻底迷住了，她告诉自己，一定要想办法靠近实验，一定要想办法脱离做家庭教师的现状。

两年后，在父亲和姐姐的大力帮助下，居里夫人来到了巴黎，进入巴黎大学理学院学习。她非常珍惜这个机会，决定全身心地投入学习。

她像所有沉浸在知识海洋中的人一样，把所有的时间都挤了出来，真可谓如饥似渴。那个时候，她住在离学校有些距离的姐姐家里，为了把来回在路上的时间也节省下来，她干脆搬到了学校附近一处房子的阁楼里居住。这个狭小的空间里没有灯、没有水也没有供暖的东西，只有屋顶上面一扇小窗采光，然而，生活拮据的居里夫人对这样的条件已经很满足了。

可惜她并不知道，在这样艰苦的岁月中，她本就单薄瘦弱的身躯更是不堪重负，埋下了疾病的种子，因为低血糖，她时常感到眩晕，可是为了不耽误学习，她从未对人提起。

1893年，居里夫人以第一名的好成绩从物理系毕业。第二年，又以第一名的成绩从数学系毕业。

这时候，她接受了法兰西共和国国家实业促进委员会提出的关于各种钢铁的磁性科研项目，正式走进实验室进行科学研究，圆了她一直以来的梦想。在这次研究中，她遇到了此生挚爱，也是她事业上的好帮手：皮埃尔·居里先生。

一切看起来近乎完美了，实现了自己的人生理想，并找到了志同道合相伴一生的伴侣，这不是谁都能拥有的福气。

然而，看上去的完美毕竟只是表面上的，实际生活中，居里夫妇所要面对的困难比想象中多得多。

虽然屡屡获奖，但居里夫人并不满足现有的成绩，在完成钢铁的磁性研究之后，她决定考博士，并确定了自己的研究方向。此时的居里夫人身体已经很不好了，但为了科研，她从未停下研究的脚步。为了研究放射性物质，居里夫妇在一个阴暗潮湿的储藏室里面，用极其简单的装置进行着一个又一个实验，并且没有任何保护措施，这种困难并不是谁都能够克服的。然而，夫妻俩居然坚持了 8 年，直到皮埃尔因为一次意外而撒手人寰。

一面是丧夫之痛，一面是年幼的孩子，还有未完成的实验，这些沉重的负担全部压在了居里夫人单薄的肩膀上，而越是困难重重，压力巨大，居里夫人就越显得坚强无畏。这样的她，让全世界都肃然起敬。最终，居里夫人在化学和物理学方面都取得了令人瞩目的成就。

或许有人会说，居里夫人这样的女性，千百年也只出一个而已，她不是普通的人，当然不可能有普通人的心性。然而，公平地说，论成就，居里夫人的确是女性中的佼佼者，甚至超越了很多男性。然而从生活上看，她也只不过是一个普通的女性，她一样要照顾丈夫，生儿育女。

因此，我们并不能用看待天才的眼光去看待居里夫人，她之所以能取得如此巨大的成就，除了她本身对这项事业充满热情之外，她的坚韧和执着也是不容小觑的。她内心深处的坚强胜过了很多人。当这样的坚强与她那近乎柔弱的身躯相结合时，很难不让人生出一种心疼和敬佩，既心疼她在困境中挣扎所付出的心力，又敬佩她如此舍得付出心力。

具备坚强这种品质是难能可贵的，因为坚强的人会将苦难视为一种考验与收获，他们看上去可能是饱经风霜的，可能是柔弱内敛的，但是他们的内心却拥有无比强大的力量。

所有问题都会解决的

人生不可能一帆风顺，也不可能每天都艳阳高照，总是会遇到些许挫折与烦恼。一旦遇到麻烦与困难，你一定要以坚定的信心，坚强的意志勇敢面对，并通过坚持不懈的努力，解决困难战胜挫折。只有这样你才会走出困境，走向成功。

提起梅西，那可是一个家喻户晓的人物。20岁的梅西拥有着169厘米的身高，68千克的体重，被誉为"马拉多纳的化身"。对于梅西，马拉多纳是这样评价的："梅西是一个天才球员，有着不可限量的前途。"

12岁的时候，梅西来到了巴塞罗那，在青年队里磨炼了5年，然后进入了一线球队。2004年，在南美青年锦标赛中，他因为打进7球，获得了"最佳射手"的荣誉。如今，他早已成为巴塞罗那队最为活跃的棋子。有些时候，与世界小罗相比，梅西的光芒甚至更胜一筹。没有任何疑问，梅西是巴塞罗那和阿根廷的荣耀。

不过，你肯定不清楚，梅西也有一段极其痛苦的经历。作为天才球员，他差点儿由于身体因素而被埋没了。这是怎么回事呢？

1987年6月24日，梅西降生在阿根廷圣塔菲尔省罗萨里奥中央市一个贫穷的家庭中。他从小身体就十分羸弱，因为梅西上面还有两个哥哥，所以妈妈没有足够的精力对梅西进行照顾。于是，妈妈就将小梅西寄养在辛迪亚家。就这样，梅西与辛迪亚从幼儿园到小学始终生活在一起，辛迪亚见证了梅西童年所有的快乐与忧伤，被梅西认为是世界上唯一能倾诉的对象。

辛迪亚是梅西最为忠实的球迷，珍藏着梅西穿过的各种各样的球衣。那些球衣是梅西为各个俱乐部效力时所穿的，是梅西送给她的珍贵的礼物。

辛迪亚经常坐在很高的看台上，看着梅西的比赛，她是最早、最坚定地相信梅西具有相当高的足球天赋的人。那段时光是那么的幸福，那么的美好。然而，天有不测风云，梅西在11岁的时候被查出患有荷尔蒙生长素分泌不足的病，这将对其骨骼的健康生长与发育产生很大的影响，换句话说，他将长到1.4米的高度后停止生长。纽维尔斯老男孩俱乐部拒绝再为还没有成名的梅西掏钱治疗。在这种情况下，梅西不得不与父亲离开家乡，前往西班牙寻求帮助。那是极其绝望的辞行，小梅西与辛迪亚抱在一起大声痛哭，辛迪亚安慰他说："不哭不哭，小不点儿，你必须坚强点儿，所有问题都会解决的。"

小梅西的情况果真有了好转。通过治疗，梅西的个头长到了1.7米左右，并且在巴塞罗那过得很好，天赋极好地展现了出来。里杰卡尔德对他表示肯定，其他教练也给予了他不少赞誉，甚至马拉多纳也亲自打电话鼓励他，这些无一不在昭示着：与以前相比，梅西已经完全不同了。小罗说："我的背上，只有梅西才能够骑，因为我们是好兄弟。"

如今，梅西因足球已经成了媒体、教练、球迷等人的宠儿。然而，在梅西的内心深处，他永远都不会忘记辛迪亚曾经说的话"小不点儿，你必须坚强点儿，所有问题都会解决的"。

戴尔·泰勒是西雅图一所很有名的教堂里德高望重的牧师。有一天，他十分郑重地向唱诗班的孩子们宣布：他将邀请能背出

《圣经·马太福音》中第五章到第七章全部内容的人，到西雅图的"太空针"高塔餐厅享受免费的自助餐。

尽管许多学生做梦都想到那儿去吃自助餐，但是由于《圣经·马太福音》中第五章到第七章的内容有好几万字，而且不押韵，要背诵下来真是太难了，所以几乎所有的人都选择了放弃。

一周以后，当一个11岁的男孩将牧师要求的内容一字不差地背诵出来，而且从头到尾没有一点差错时，泰勒牧师惊呆了。更令人叫绝的是，到了最后，背诵简直成了充满深情的朗诵。泰勒牧师深知：即使在成年的信徒中，能将这些内容背诵出来的人也是凤毛麟角，对孩子而言，那种难度就更是可想而知了。

"孩子，你为什么能背下这么难的内容啊？"泰勒牧师对男孩拥有如此惊人的记忆力赞叹不已。

"因为我想去'太空针'餐厅。"男孩稚嫩的声音中透着坚定。

这个男孩便是比尔·盖茨。16年之后，他创办了令全球人耳熟能详的微软公司。

别人不能做到的事，你就一定不能做到吗？很显然，答案是否定的，只要你对自己充满信心，并且竭尽全力去努力，那么，一切皆有可能。因此，在遇到困难或者挫折时，不要恐惧，也不要过于担心，只要你不轻易放弃，勇敢地努力奋斗，总会有办法解决的。

尽全力追逐你的目标

凡是成功之人都有一个非常明显的特征：他们心中从始至终都有一个十分清晰的方向，非常明确的目标，而且有着十足的自信心，通过坚持不懈地努力，勇敢地向前冲。无论别人对他们的评价是怎样的，只要自己的方向没有错误，那么即便只有0.1%的可能性，他们也会极其执着地冲向自己的目标。

这也是为什么很多人起点明明相差不大，但是最后所达到的终点却有着天壤之别的原因所在。与成功失之交臂的人并非是他们本身的能力不够，而是他们缺乏明确而清晰的目标，他们的内心不知道自己到底想要做一个什么样的人，而且也不能拼尽全力地去追求理想，因此，他们最终只能抱着无限的遗憾羡慕别人的成功。当然了，可能刚开始的时候，这些人也是拥有明确的目标的，但是，没有过多长时间，他们就将自己的目标忘记了，或者在实现目标的过程当中，被所遇到的困难与挫折给吓倒了，所以他们的人生最终仍归于平淡。

当弗兰克还是一个年龄仅仅只有13岁的少年的时候，他就对自己提出了"一定要有所作为"的要求。那个时候，他所设定的人生目标是成为纽约大都会街区铁路公司的总裁，这在外人眼中似乎有点儿不可思议。

为了实现自己的人生目标，弗兰克从13岁的时候就开始和一些朋友一同给城市运送冰块。尽管他没有接受过多少正规的教育，但是他就是凭借自己的拼命努力，不断地利用一些闲暇时间进行学习，并且想尽一切办法使劲地往铁路行业靠拢。

在他18岁的那一年，通过他人介绍，他终于踏入了铁路业，以一名夜行火车上的装卸工的身份为长岛铁路公司服务。在他看来，这是一个相当难得的机会。虽然他每天的工作非常苦也非常累，但是他依旧可以保持一份乐观的心态，积极地处理自己的所有工作。也因为这个原因，他得到了领导的认可与赏识，两年后被安排到了铁路上工作，具体负责对铁轨与路基的检查。虽然这份工作每天只能够赚取1美元，但是他却认为自己距离目标——铁路公司总裁的职位又近了一步。

之后，弗拉克又通过调任成了一名铁路扳道工。在工作期间，他仍然非常勤奋努力，经常加班加点，而且还利用空闲时间帮助自己的主管们做一些类似于书记的工作。

后来，弗兰克在回忆那段往事的时候，说道："有无数次，我必须工作到半夜11～12点钟，才能够将那些关于火车的赢利与支出、发动机耗量与运转情况以及货物与旅客的数量等数据统计出来。在将那些工作做完了之后，我获得的最大收获就是快速地将铁路每个部门具体运作细节的第一手资料掌握在自己的手中。而在现实工作中，那些铁路经理很少可以真正地做到这一点。通过这样的方法，我已经全面地掌握了这个行业每个部门的情况了。"

然而，他的扳道工工作只不过是一项与铁路大建设有着一定联系的暂时性工作，当工作结束的时候，他也马上被辞退了。

于是，他主动找上了自己公司的一位主管，非常诚恳地对他说："我非常希望自己能够继续留在长岛铁路公司工作，只要您能够让我留下，不管什么样的工作，我都愿意做。"那位主管被他深深地感动了，所以，就将他调到了另外一个部门去做清洁工作，负责将那些布满灰尘的车厢清扫干净。

没多久，他通过踏实肯干的精神又得到了升迁，这次他成了一名刹车头，负责通向海姆基迪德的早期邮政列车上的刹车工作。不管做什么样的工作，他一直没有将自己的目标与使命忘记，不断地为自己补充各种铁路知识。这样，弗兰克几乎干遍了所有与铁路相关的工作。

后来，当弗兰克真正地成了公司总裁之后，他仍然非常努力地工作着，经常达到一种废寝忘食的程度。在来来往往、川流不息的纽约街道上，弗兰克每天的工作就是负责对 100 万乘客的运送工作进行指导，到目前为止也不曾发生过重大的交通事故。

有一次，弗兰克在与自己的好朋友聊天的时候，说道："在我的眼中，一个有着非常强烈的上进心的人，没有什么事情是不可以改变的，也没有什么梦想是不能够实现的。一个有着极其强烈的上进心的人不管从事哪一种类型的工作，接受什么样的任务，他都能够以一种积极乐观、热情饱满的态度去对待它，这种类型的人不管在什么地方都会受到人们的肯定与欢迎。他在凭借自己的不懈努力向前行进的时候，还会得到来自各个方面的十分真诚的帮助。"

一个只要下定决心就不会再有任何动摇的人，能在不知不觉的情况下给人一种相当可靠的保障，他在做事情的时候肯定会是敢于负责的，敢于努力的，敢于拼搏的，肯定会有希望获得成功的。

所以，如果你想要成为一个令人瞩目的成功者，那么你就应当先确立一个终极目标。当你将这个目标确立下来之后，就不要再有任何的犹豫了，严格地按照已经制定好的计划，一步一步地努力去做，不达目的誓不罢休。这样一来，你才有可能会笑容满面地与成功相伴。

面对困难，拿出你的勇敢与乐观

任何人都不能否认，从本质上来说，人都喜欢闲逸懒散，对舒适平稳无比眷恋。然而，如果想要自己的人生取得突破，获得成功，那么你一定要将更大的压力加之于身，逼着自己竭尽全力地去奋斗，即便在这过程中困难重重，也不要灰心丧气，仍然以乐观的心态与足够的勇气去奋斗，这才是最棒的。

美国有一个名字叫作里根的总统，他不仅是美国历史上一位"影星"总统，而且也是美国历史上宣誓就职的时候年龄最大的总统，同时也是美国历史上寿命最长的总统。另外，里根还是美国历史上首位离过婚的总统，但也是一位相当幸福的总统。民主党曾经讥笑他是"亲切的傻瓜"。里根不仅十分幽默，而且也非常擅长沟通，而这些性格特点正是美国人最为欣赏的。里根并非十全十美之人，他的身上也存在缺点，但因为他有着极好的人缘，所以他的不少瑕疵都被人们忽视或原谅了。

里根首次被选为总统的时候，美国正处在十分艰难的时期，整个国家还处在越南战争的阴影之下，不仅经济发展十分缓慢，而且社会也很动荡，人们对于政府的信心大幅度降低。

里根就任总统之后，在国内使政府对于经济的干预予以减少，使政府的规模大大缩小，使税收也降低了不少，从而有效地推动了社会经济的发展。

里根在做总统期间也经历了好几次非常严重的政治丑闻，并且造成了很多官员与幕僚下台或者被定罪，但里根都安然度过了。

里根是积极乐观的。1981年3月30日，在华盛顿的大街上，刚刚上任两个多月的里根遭遇了枪击，一颗子弹贴着他的心脏穿了过去。整个国家都震惊了，但是没多久这种震惊就变成了一种感叹！人们发现，他们的总统在进入手术室的时候，还面带笑容地对医生说："请让我放心——你们均为共和党人！"并且对自己的妻子南希说道："亲爱的，我忘记躲了！"当他手术过后从麻醉中醒过来的时候，最先做的居然是给医生们讲笑话，并且对他们进行安慰，与此同时还传纸条给在外面守候的白宫官员。

丘吉尔曾经说过："人生最快乐的时候就是身中枪弹而大难不死。"外界称他是"挨了枪子还能够面带笑容"的总统，"在重压下仍然保持沉着稳重"。更让人们无限感慨的是，后来，里根对于刺杀他的人表示了原谅。

里根被选为总统的时候已经70岁了，在美国人眼中，这个年龄真的有些老了，美国人都对年轻的总统情有独钟。在对整个美国直播的电视竞选演说中，对手对他攻击道："太老了"，然而，里根却十分幽默地回应道："我真的不乐意在这个地方大谈年龄，免得我的对手感到尴尬。"他的言外之意就是对手"太嫩了"，全场听众因为他的这句话而哈哈大笑。

里根拥有"伟大的沟通者"的美誉。作为美国历史上年龄最大的总统，里根对于日常政务的细节不太关注，是人们公认的"甩手掌柜"。里根的管理方式最大的特色就是沟通，在他被称为"总统先生"以前，被人们称作"伟大的沟通者"已经很久了。他的话总是能打动美国人的心灵。他通过讲故事的方式，来重拾美国人的自信心和核心价值观，塑造辉煌。

1989年1月11日，里根在他的告别演说中给自己这样的评价："我不是一个伟大的沟通者，但我所讲的内容都是宏伟大业。"他的演讲往往首先展现给大家的是一幅美国的理想前景，是国家的复兴，他所坚持的政策就是实现这个目标的战略。

　　其实，里根对自己的要求也并不是特别高，这在他的管理风格上有显著的体现：极其擅长授权，很不喜爱控制，只做自己喜爱之事。

　　只要你敢于正视困难与挫折，敢于逼自己努力，敢于"背水一战"，那么生活总会给你回报的，或者荣誉，或者财富。一个人唯有敢于"逼"自己成功，才会具备改变一切的力量。唯有乐观地看待事物，才能保持一路向前的勇气。

勇敢地面对一切不幸

"人生真正的圆满，并不是平静乏味的幸福，而是勇敢地面对所有的不幸。"的确，人们会由于"勇敢地面对一切不幸"而变得十分顽强与深邃，并且从中获得巨大的益处。与此同时，"不幸"也可以将潜藏在我们身体中的巨大能量激发出来。

1945 年 8 月，在第二次世界大战对日本作战胜利纪念日后的第三天，玛丽·艾丽丝·布朗夫人回到自己的家中，一个人站在空寂的房间中出神发呆。

几年前，她的丈夫因为车祸去世了。没过多长时间，她最爱的母亲也去世了。布朗夫人对当时的情况是这样描述的：

"钟声和哨笛宣告了和平的到来，但是我唯一的儿子唐纳却再也回不来了。在此之前，我的丈夫与母亲也先后身亡，整个家中就只剩下我一个人了。从孩子的葬礼上回来，进入空寂的家中后，一种难以言喻的孤独感席卷而来。我这一辈子都忘不了那种感觉——任何一个地方都没有我家空寂。我差一点儿在悲伤与恐惧中窒息而死。如今，我不仅要学会独自一个人生活，而且我还要对生活的方式加以改变。我内心深处最大的恐惧，就是担心自己会由于伤心过度而发疯。"

连续很长一段时间，布朗夫人都陷入了极度的悲伤、恐惧以及孤独中不能自拔，痛苦与惶惑让她感觉无比茫然而又不知所措，她怎么都不愿意接受现实。

布朗夫人接着说道：

46

"我认为，时间会将我的创伤抚平。可是，时间过得实在是太慢了，我暗暗地想：我一定要找点事情来做，以便打发时间，于是我选择了出去工作。

"就这样，随着时间的推移，我发现我又重新对生活、同事以及朋友们产生了浓厚的兴趣。我慢慢地明白，不幸的事情已经悄然地离我而去了，未来的所有事情都在慢慢地变好。而我曾经是如此的愚笨，抱怨上天没有公平地对待我，不愿意接受现实。然而，时间将我改变了。

"尽管这一天来得比较缓慢，并不是几天，也并非几个星期，它是慢慢地来到的；可是最为重要的是，我最终学会了怎样去面对无比残酷的现实。

"如今，每次当我回忆起那些往事的时候，我都会感觉自己就好像一艘航船，在经历了大风大雨之后，终于在平静的大海上开始慢慢航行。"

就像布朗夫人的悲惨经历，有些哀痛确实会让人们难以承受，但是最终却必须接受。有的时候，我们的生活被分割得七零八散，也只有时间才可以将其缝合起来，但前提就是我们一定要给自己充足的时间。当悲剧刚发生的时候，世界似乎也跟着停滞不前了，我们陷入了无比悲痛的境地。可是，我们必须要克服这种悲痛，继续向前走。这个时候，唯有回忆一些以前开心的事情，我们才会感觉好一点儿，才能将我们内心的悲痛取代。所以，当我们遭遇不幸的时候，不要一直悲伤与怨恨，我们应当勇敢地接受那没有办法逃避的现实，相信时间会帮助我们从不幸中走出来的。

有的时候，不幸也并不完全就是坏事，它也可能会成为一种推动人前进的动力，促使我们立即采取行动，锻炼并提高我们的素质与本领。这样一来，我们就会变得更加聪敏，最终从困境中摆脱出来。

《哈姆雷特》中有一句名言是这样说的："行动起来！对抗一切困难，将它们排除出去！"的确，勇敢地面对所有困难，将悲伤转化为力量，是摆脱不幸的最佳方案。

也许有人会有这样的疑问："为何这种不幸的事会发生在我的身上呢？"那么，他得到的只能是："为什么就不可以呢？"

上天是很公平的，它不会对任何人有所偏爱，只要是人，就会经历各种苦痛与快乐。生活告诉我们，在痛苦的国度中，任何人都是平等的。当悲伤、烦恼以及不幸降临的时候，国王也好，农民也罢，抑或是乞丐，都会经历相同的折磨。一些年轻而不成熟的人以及那些虽然已经不再年轻但却依旧不成熟的人，通常只会不停地抱怨，他们永远不会懂得，悲剧的产生犹如人的出生与死亡一样，都是生活中非常重要的组成部分。

因此，倘若你想要让自己迈向更加成熟的人生，那么请认真地记住一项法则：勇敢地面对一切不幸！

我就是我，我是独一无二的

在这个世界上，每个人都是独一无二、不可替代的。你就是你，你不需要遵从别人的眼光与标准来对自己进行评判，甚至对自己进行约束，你根本不需要模仿别人。保持自己的本色，这才是最为重要的一点。

伊丝·欧蕾太太来自加利福尼亚，从小就十分害羞，又很敏感。因为她长得很胖，再加上一张大圆脸，让她看起来显得更胖了。她的妈妈是一个很守旧的人，觉得伊丝·欧蕾太太在穿着方面只要宽松舒适即可。

因此，她在穿着上一直选择那些看起来比较朴素且十分宽松的衣服，从来没有参加过聚会，也没有参加过娱乐活动，即便上学之后，也从来不与别的小朋友一同到户外去玩。因为长期不与人接触，她特别害羞，而且害羞的程度已经达到了不可救药的地步。在她看来，自己与别人是不一样的，别人是不会欢迎自己的。

长大之后，伊丝·欧蕾太太与一个比她大好几岁的男人结婚了，但是她仍然非常害羞。她的婆家是一个自信、安稳的家庭，在她的身上似乎找不到一点儿婆家的优点。

生活在新的环境中，她总是想尽一切可以想到的方法来改变自己，希望自己能够做得像婆家人一样，但是结果总是令人遗憾。婆家人也想给她提供帮助，让她从禁闭当中脱离出来，但是婆家人善意的行为不仅没有帮到她，反而让她更加封闭。她变得十分容易紧张，动不动就发怒，尽可能地不与每个朋友接触，甚至就连听到门铃声都感到很害怕。她明白自己就是一个失败者，但是她又不愿意让自己的丈夫发现。

于是，在公共场合中，她总是努力地让自己表现得非常快乐，有的时候甚至表现得有些过头了，所以，事后她又会觉得非常沮丧。正是由于这个原因，她的生活中没有快乐，她不知道自己的生命有什么意义，甚至她还想到了自杀……

幸运的是，伊丝·欧蕾太太最终没有去自杀，那么到底是什么让她的命运发生了改变呢？原来，这要归功于一段十分偶然的谈话！

欧蕾太太在书中写道：这一段十分偶然的谈话将我的整个人生都改变了。

有一天，婆婆在说起她是怎样带大几个孩子的时候，这样说道："不管发生什么事情，我都坚持让他们保持本色。"

"保持本色"这句话仿佛黑暗中的一道闪光将我的世界照亮了。我终于顿悟了——原来我始终都在勉强自己，让自己去做一个不适应的角色。就这样，我整个人在一夜之间发生了很大的变化，我开始让自己学着保持本色，并且努力寻找自己独特的个性，尽可能地弄清楚自己到底是一个怎样的人。

我开始对自己的特征进行观察，对自己的外表与风度加以注意，在挑选服饰时也尽可能地结合自己的特点，选择适合自己的。我开始努力地交朋友，参加一些活动。我第一次表演节目的时候，简直吓坏了。可是，我每多开一次口，就会多增加一些勇气。一段时间之后，我的身上发生了极大的变化，我觉得自己很快乐，这是我以前根本不敢想的。

从此之后，我将这个宝贵的经验告诉自己的孩子们，这是我在历经了很多痛苦之后才学到的——不管发生什么事情，都要保持自己的本色！

倘若你感觉自己十分差劲，那么在所有人践踏你、贬视你的时候，你就会选择忍受。你的心中只会有这样的念头："我根本什么也不是"、"都是我的错"或者"我就应该经常遭受这种的待遇。"

你可能会问："我要忍受这样的生活多长时间？"

正确答案应该是："那看你对自己轻视多长时间了。"

别人在对待我们的时候，只不过是按照我们对待自己的方式来对待而已。与我们进行交往的人，用不了多久就会清楚我们是不是给予了自己尊重。只要我们懂得尊重自己，那么别人就会按照同样的方式对待我们。

假设你需要照顾一个婴儿，在给婴儿喂食时，你是不是会无条件地哺喂这个孩子？答案是肯定的。你绝对不会这样说："小鬼！除非做一些有趣的事情，除非你能够自己站起来，背诵英语字母给我听，或者将我逗乐，不然的话，我绝对不会给你奶吃的！"你之所以会喂这个婴儿，完全是因为他应该喂了，他值得你去用心地照顾好、爱他。他值得你这样去做，因为他与你一样都属于人类。

你也值得被别人这样的对待。你从出生以后就拥有这样的资格，现在也仍然没有改变。在这个世界上，有太多人觉得，除非自己非常英俊、非常漂亮、非常聪明，并且比别人谈吐幽默或者更擅长运动等，不然的话，就不值得别人的爱与尊重。

其实不然，你绝对是值得让人爱、让人尊重的，只因为你就是你。

在看到关于全球各个地区灾难或者饥荒等这样的新闻报道时，我们的内心都会不自觉地感到些许痛楚。每个人对怎样给予这些正在受苦受难的人一些帮助，可能有着不一样的意见，但是每个人都是关心的，这就是人性。

所以，你就是你，无须遮掩，无须躲避，你会爱别人、关心别人，别人也同样会爱你、关心你。保持自己的本色，活出真我，才不负自己，不负爱你的人。

第三章

天道酬勤，你的努力总会体现在日后的时光里

人要懂得珍惜时光，不能丢了白天的太阳，又丢了夜晚的星星。天道酬勤的意思是，越努力，越幸运。你若不相信努力和时光，时光会第一个辜负你。

少了勤奋，天才也会一无所获

如果没有勤奋努力的学习，就算天才也终将一无所获。

经常会有人会抱怨："我没有什么天赋，没有别人聪明，无论再怎样勤奋努力，最终都无法取得别人那样的成绩，这让我感到灰心丧气，好像老天爷不公平一样！"

但你是否想过，到底是老天爷不公平，还是我们不够勤奋努力呢？

正如伟大的艺术家雷诺所说的那样："假如你没有别人聪明，也没有什么特殊的能力，那么勤奋将会弥补你的不足；假如你拥有明确的目标，做事的方法也很恰当，那么勤奋将助你获得成功！"

一个天才，如果不勤奋努力地学习，他终将沦为一个庸才，碌碌无为地度过一生；同样的，一个平凡的人，如果不勤奋努力地学习，那么他也终将一无所获。

作为美国历史上第一位华裔内阁成员，哈佛大学的毕业生赵小兰在回忆自己的求学经历时，感触十分深刻。

从学习上来说，赵小兰算得上是一个天才，不过她并没有因为自己的天分，而停止过勤奋与努力。

赵小兰刚到美国的时候，只认识不到50个简单的英文单词，却被父母安排插班，成为三年级的一名学生。那时候，她只能把老师教授的内容用笔记本抄下来，晚上再由父亲译成中文，方便她理解与学习。

与此同时，父母还从最简单的英文字母开始，利用每天的娱乐时间用来教她学习英文。就这样过了几年，赵小兰的英文终于追了上来。

举世闻名的哈佛商学院有一个十分难念的课程，那就是研究所的 MBA 硕士管理。只有那些名校的优秀毕业生，才有可能进入 MBA 的大门。而且在进入 MBA 之后，竞争依然很激烈，如果你没有付出百分之百的努力，很容易就被淘汰出局了。

大学毕业之后，赵小兰被芝加哥大学、沃顿商学院和斯坦福大学等名校录取，不过她还是希望能够进入梦寐以求的哈佛大学，尽管每年哈佛录取女生的比例仅有 5%。

1977 年 4 月 15 日，赵小兰成为千万竞争者中的幸运儿，被哈佛商学院企管硕士班录取了。

在哈佛读研究生的两年里，赵小兰深深体会到了教室如战场的学习氛围。每天，老师不讲课，甚至不会带上教科书，只给学生留下三项课题。

学生每天的功课就是去理解和解决这些课题。在这样的教学方式之下，假如学生没有充分的准备，是不敢随便进入教室的，因为教授随时可能点你的名字，而你必须应答如流。

赵小兰的记忆十分深刻，在哈佛求学期间，每天早上 8 点开始，一直要上课到下午 2 点半，课后还没有休息的时间，因为要完成三项课题，就必须去图书馆翻找资料，每项课题至少要花费3 个小时以上，所以每天都要忙碌到凌晨一两点才能休息。

虽然在哈佛求学的那几年很累，却是赵小兰受益最多的几年。哈佛的教授们都十分优秀，许多人拥有教授的头衔，实际上也是一些大型公司的顾问，理论与实际经验都很丰富。赵小兰在他们的熏陶下，通过自身的努力，渐渐成长为一位干练的女性，也逐渐培养了自己的领导才能。

在哈佛的毕业典礼上，赵小兰被评选为学生代表，带领着毕业生队伍与哈佛告别。她也因此成为第一位获此殊荣的东方女学生。

赵小兰是不是天才我们难以下定论，不过在哈佛求学期间，她付出更多的还是勤奋与努力。也正是因为有了这样的品质，才使她从一个连字母都认不全的小女孩，成为哈佛硕士毕业生，并且最终成为美国历史上的首位华裔内阁成员和劳工部长。

勤奋的道理人人都懂得，可是真正能够用实际的行动去证明和诠释的人，却少之又少。勤奋努力的学习之所以能够创造出天才，因为其中包含着坚持与顽强，也包含着勇气与智慧。如果能够将这些品质结合起来，并且付诸实际的行动，那么你的手中已经握着开启成功之门的金钥匙了。

"你想比别人更成功吗？如果想，就勤奋努力地学习吧！"这一则哈佛格言曾经激励赵小兰努力前行，最终品尝到了成功的果实。现在，我们也了解到了勤奋的重要性，希望它能够激励你不断进步，不断地超越自我。

无论你聪颖与否，只要真正地勤奋努力过，就拥有平等的机会和权利。因为勤奋可以让你的大脑变得富足，辛劳可以孕育成功与喜悦。至少你应该明白，成功永远不会敲响懒汉之门！

当然，所谓勤奋努力的学习，并不是"死读书"，而是在勤奋努力的基础上，掌握一定的学习方法。

当你努力学习的时候，不要单纯地去抓紧时间，埋头苦学，而应该多一些总结，同时注重吸收他人的有效经验。只有找到最适合自己的学习方法，才能够让勤奋努力发挥出最大的功效，否则很难从根本上提高自己的学习效率。

懒惰犹如灰尘，能让一切铁生锈

比尔·盖茨曾经在一次演讲中说过这样的一段话："懒惰可以吞噬一个人的心灵，它就像灰尘一样，再硬的铁碰上也会生锈；懒惰是万恶的源头，它可以很轻易地毁掉一个人，甚至一个民族。"

在许多成功看来，懒惰和怪物并没有区别，而人的一生总会与这个怪物不期而遇，并且一决雌雄。懒惰是人类最大的敌人，许多原来可以完成的事情，因为懒惰和拖延而变成了无法跨越的沟壑。

懒惰不仅是生活的大敌，也是学习的大敌。一个人一旦养成了懒惰的品性，那么他想要获得成功，就会变得比登天还难。因为懒惰的人总会在风险面前退缩，总是贪图享乐。

如果我们从心理学的角度去分析，懒惰其实是一种心理上的厌倦情绪，它有无数种表现形式，轻微的表现为拖延、犹豫不决，而极端的表现为懒散、逃避。

引起懒惰的心理因素有很多，比如羞怯、嫉妒、气愤、嫌恶等，都可能让人无法按自己的意愿进行活动。对于年轻人来说，懒惰的突出表现有以下几个方面：

1. 不喜欢参加集体活动，心情总是抑郁不乐。
2. 对周围的人事漠不关心，整天处于幻想之中。
3. 不喜欢和亲人朋友交流，尽管大家都希望那样。
4. 睡眠质量差，因为焦虑而无法入眠。

我们在面对懒惰行为的时候，可能会表现出不同的态度。

有的人根本没有意识到那是懒惰，整天都过得浑浑噩噩；有的人总是将希望寄托于明日，能拖延就尽量拖延；也有的人想要克服这种行为，可是却又无从下手，因而得过且过，仍然在懒惰中度日……

传说有一种小鸟，叫寒号鸟。这种鸟与众鸟不同，它长着四只脚，两只光秃秃的肉翅膀，不会像一般的鸟那样飞行。

夏天的时候，寒号鸟全身长满了绚丽的羽毛，样子十分美丽。寒号鸟骄傲得不得了，觉得自己是天底下最漂亮的鸟了，连凤凰也不能同自己相比。于是它整天摇晃着羽毛，到处走来走去，还洋洋得意地唱着："凤凰不如我！凤凰不如我！"

夏天过去了，秋天到来，鸟们都各自忙开了，它们有的开始结伴飞到南边，准备在那里度过温暖的冬天；有的留下来，整天辛勤忙碌，积聚食物，修理窝巢，做好过冬的准备工作。只有寒号鸟，既没有飞到南方去的本领，又不愿辛勤劳动，仍然是整日东游西荡的，还在一个劲儿地到处炫耀自己身上漂亮的羽毛。

冬天终于来了，天气寒冷极了，鸟儿们都回到自己温暖的巢里。这时的寒号鸟，身上漂亮的羽毛都脱落光了。夜间，它躲在石缝里，冻得浑身直哆嗦，它不停地叫着："好冷啊，好冷啊，等到天亮了就造个窝啊！"等到天亮后，太阳出来了，温暖的阳光一照，寒号鸟又忘记了夜晚的寒冷，于是它又不停地唱着："得过且过！得过且过！太阳下面暖和！太阳下面暖和！"

寒号鸟就这样一天天地混着，过一天是一天，一直没能给自己造个窝。最后，它没能混过寒冷的冬天，终于冻死在岩石缝里了。

青少年朋友应该时刻提醒自己，不要做一个懒惰的人，因为"成事在勤，谋事忌惰"。懒惰的人总是缺少行动，他们是思想上的巨人，是行动上的矮子！

　　富兰克林曾经说过："懒惰像生锈一样，比操劳更能消耗身体。经常用的钥匙，总是亮闪闪的。"

　　一个人想要取得令人瞩目的辉煌成就，就必须拥有勤劳和奋发向上的精神，因为任何一种辉煌的成就都与懒惰拖延、好逸恶劳的品行无缘。

勤奋与智慧如影随形，懒惰与愚蠢相生相伴

教授迈克尔·桑德尔来中国演讲的时候说过一段话："一块土地再肥沃，如果不去耕种，也长不出甜美的果实；一个人再聪明，如果不懂得勤奋，也目不识丁。"它很像我们日常生活中的一句俗语——勤奋和智慧是双胞胎，懒惰和愚蠢是亲兄弟！

一个人的渊博智慧并不是一时间的热情，或者通过耍小聪明得到的，而是需要不断地勤奋学习，一点一滴地积累而来。

我们都渴望拥有过人的智慧，希望自己能够取得非凡的成功。不过，智慧并不是随意就可以获得的，没有经过勤奋的努力，智慧注定与你无缘。同样的，如果你染上了懒惰的恶习，那么就将和愚蠢成为亲兄弟了。

正在讲课的教授发现几个学生并不十分认真。

于是，有些生气的教授将几个学生叫了起来，问他们将来想要做什么。

几位学生都感到十分无措，也不知道说什么好。于是教授给他们说了一个哲学家的故事：

有一天，哲学家和自己的学生来到一块杂草丛生的土地旁边，哲学家问自己的学生："用什么方法可以将土地里的杂草除掉呢？"

学生们纷纷给出了自己的意见，有的说用火来烧，有的说用镰刀去割，还有的说喷点农药就解决了……

哲学家并没有对学生的回答做出评价，而是将土地分成三块，让他们按照自己的方法去做。

那个用火烧的同学，一把火就将土地里的杂草烧干净了，不过才过了几天，杂草又生根发芽，长得繁茂起来。

那个用镰刀割的同学，花了一周的时间，累得腿脚发软，可是原本清除干净的杂草很快又冒了出来。

那个用农药喷的同学，只是将杂草裸露在地上的部分除掉了，仍然无法将杂草清除干净。

几个学生只能失望地离开了。

几个月之后，哲学家再将学生们带到那块土地旁边。学生们都感到十分惊讶，几个月前还杂草丛生的土地，居然变成了一片绿油油的麦子。

哲学家微笑着对学生们说："想要彻底地除掉杂草，最好的办法就是在土地里种上有用的庄稼。"

教授的故事讲完了，他走到那几个学生身边，问道："你们希望自己的土地里长出荒芜的杂草，还是绿油油的麦子呢？"

学生们异口同声答道："当然是绿油油的庄稼了。"

"很好，"教授不再那样严肃了，而是满脸笑容地说道，"那么你们现在就得努力了！因为懒惰就像土地里的杂草，而勤奋才是绿油油的麦子。"

当你为自己想要的东西而忙碌的时候，就没有时间去为不想要的东西而担忧了。假如你是一个懒惰的人，那么上面的故事一定可以给你启迪，让你明白：唯有勤奋才能战胜懒惰。

那么，什么才是勤奋呢？所谓勤奋，就是要不断地努力，不断地学习。当你真正拥有了勤奋的品质，也就拥有了打开智慧之门的钥匙。

伟大的文学家鲁迅先生曾经被认为是难得的天才，可是他自己却不那样认为。

在他看来，世界上根本就不存在天才，而他之所以可以取得那样的成就，只是因为他将别人喝咖啡的时间用在了工作上。

在一篇文章中，他这样写道："其实即使是天才，在生下来时的 第一声啼哭，也和平常的儿童一样，绝不会就是一首好诗。"

诚然，上天是公平的，每个人出生的时候都一样，别人能够获得成功，是因为别人付出了更多的努力。

天道酬勤，任何一个人的智慧都不是天生的，而是通过勤奋学习而来的。因为在通往成功的道路上，除了勤奋，便没有其他的捷径了。

不要尽力而为，要竭尽全力

只有"竭尽全力"，让自己的潜能得到充分的利用，你才能取得更突出的成绩！

对于年轻人来说，勤奋学习是获取知识的唯一途径。可是，怎样才算真正的勤奋呢？每个人有不同的理解。

有一则寓言故事，说的是一位猎人带着他的狗去森林里打猎。

日落时分，猎人发现了一只野兔，并向它开了一枪。野兔的后腿受伤了，猎人赶紧命令狗去追。然而过了好长时间，狗并没有完成自己的任务，野兔跑掉了。猎人生气地问道："野兔哪里去了？"

狗趴在地上"呜呜"地叫着，猎人明白它的话，意思是说："我已经尽力而为了，可是最终没有追上野兔。"

那只野兔死里逃生，回到自己的洞穴后，家人急切地问道："你受了伤，后面的狗又使劲地追赶，你是如何逃脱的呢？"

野兔回答说："狗的确是够卖力气了，可是我却是竭尽全力地逃命！"

这则小故事的寓意很简单，就是不管我们学什么、做什么，只要我们竭尽全力，让自己的潜能得到开发，那么就没有什么学不会、做不好的。

要知道，我们的大脑原本就是一座潜能的宝库。从科学理论上来说，人脑的信息储存量高达5亿本图书，可是，就目前而言，人类的大脑只开发了5%。换句话说，任何一个人只要能让自己的大脑潜能合理的开发，那么他的能力一定不会逊色于爱因斯坦。

还有人生动形象地做出比喻："一个人的大脑在正常运转时所消耗的能量，可以让一个40瓦的灯泡持续散发出耀眼的光芒！"

因此，当一个人付出了努力却未达到预期的效果时，要么是方法不对，要么就是没有竭尽全力。

2004年，年轻的卡特从哈佛商学院毕业。没过多久，幸运的他便被一家大公司录用了。

上班的第一天，老板让卡特说几件自己觉得十分出色的事情。

于是，卡特洋洋得意地说起了自己在哈佛的学习成绩："在同年级好几百名学生中，我的成绩排在第14位！"

卡特本以为老板听了会大大地夸奖他一番，可是老板却反问道："为什么不是第1名呢？你竭尽全力去学习了吗？"

这句话让卡特无言以对，在之后很长的一段时间里，他开始反思自己，并且将老板的话牢记于心。

就这样，卡特不断地告诫与鼓励自己，在工作上从来不会自满，也没有丝毫的松懈，而是竭尽全力去做好每一件事情。

最后正如你想象得那样，卡特成功了！他用了三年的时间成为公司里的CEO，并且出版了自己的传记，鼓励人们竭尽全力去追求、去学习。

卡特的成功并不是一种偶然，而是懂得释放自己的潜能，懂得竭尽全力去奋斗。这也给了我们一些启示，我们所付出的勤奋与努力，与我们所得到的回报将成正比！当我们感到学习有一定压力的时候，也许我们并没有竭尽全力。

"尽力而为"与"竭尽全力"是存在差别的，前者发挥了自己的能力，后者却让自己的潜能得到了充分地开发。

所以说，不管做什么事情，"尽力而为"是远远不够的，这样只能说明你比一般人付出得更多，却无法让自己超越平庸的界限。

有一个成语叫"户枢不蠹"，意思是说，如果我们的门轴不经常转动，就会被虫蛀蚀。反过来说，就是经常转动的东西不容易被腐坏，比如我们的大脑就是如此，勤于动脑，才能更加聪明。

那么，我们应该如何激发自己的大脑潜能，让学习和工作达到最佳的效果呢？

1. 不要忽略任何一门理论性知识。

2. 善于思考，尽量用自己所掌握的知识去解释。

3. 将理论知识与现实生活相结合，并且找出它们的共通性。

4. 一边学习，一边思考，从现实生活中总结出经验。

5. 工作多动手，多动脑，不要用笨办法解决问题。

计划好每一天，并努力地执行计划

俗话说得好："千里之行，始于足下。"我们不仅要清醒地知道自己的人生目标，而且还应当将这个目标划分成几个容易实现的小目标，然后再给每个小目标规定一个可以行得通的期限。

这样一来，从刚开始的时候，我们就能够清清楚楚地看到成功，这对于提高自信心、努力工作有着非常大的好处。这与远征是十分相似的，经过一步接着一步地往前走，一段接着一段地向前行，最终达到自己的目的地。每当我们走完一段路程的时候，我们离目标的距离就变得更近了一些，这个时候，我们的自信心也会随之变得更加强大。所以，无论何时，我们都必须清醒一点儿，知道自己下一步该怎么走。

为此，每天，我们都应该询问自己几个问题：

目前，在我们的人生当中可以算得上一个怎样的时期，与我们的发展目标是不是相符？我们每天都在做些什么事情，所得到的结果是否是现在最渴望得到的或者是最应当得到的呢？我们明天应当做些什么事情？下一步应当做些什么事情？应当为使自己的目标得以实现准备一些什么？我们手中的东西是不是能够放下了，是不是真的愿意……

在很久以前，有一个身体十分瘦弱的穷小子，虽然在贫民窟中长大，他却在自己的日记当中立下了伟大的志向——长大以后一定要成为美国的总统。然而，这个伟大的理想怎样才能够实现呢？年轻的他在经过了好几天的认真思考之后，为自己拟定了一系列的连锁目标，具体内容是这样的：

要想成为美国的总统，首先就要成为美国的州长；要想参加州长竞选并获胜，必须得到雄厚的财力后盾的支持；要想赢得巨大财团的支持，就应当先使自己融入这个财团；要想很好地融入一个财团；最好就是迎娶一位来自豪门的千金小姐；要想成功迎娶一位来自豪门的千金小姐，就必须先成为一个名人；要想成为一个名人，最为快速的方法就是进入娱乐行业，成为著名的电影明星；要想成为著名的电影明星，就必须以练好身体、练出阳刚之气作为提前。

顺着这样的思考方式，他开始一步接着一步地走下去。有一天，当他见到了当时非常著名的体操运动主席——库尔之后，他就觉得练习健美是一个使自己身体强壮的好方法，所以，他就产生了练健美的想法。于是，他就开始了非常刻苦，并且坚持不懈地训练过程，他希望自己能够成为这个世界上最为强壮与结实的男人。随着时间的推移，3年的时间过去了，而他也凭借着自己发达的肌肉，雕塑一般的体魄，顺利地成了一位健美先生。

在随后的几年当中，他先后赢得了欧洲、世界以及奥林匹克的健美先生称号。在他刚满22岁那一年，他正式进入了美国的好莱坞。在好莱坞当中，他花了整整10年的时间，利用自己在体育方面所取得的成就，在大众面前成功地塑造出了一个刚毅不屈、百折不挠的硬汉形象。终于，他在娱乐圈中声名鹊起。当他的电影事业正发展到鼎盛时期的时候，与他相恋了9年时间的女朋友的家庭也终于接受了他这个"黑脸庄稼人"。而他的女朋友就是当时名声非常显赫的肯尼迪总统的亲侄女。

他与妻子结婚之后，非常恩爱地度过了十几年。他与妻子一起生了4个小孩，建立起了一个典型的"五好"家庭。在2003年，年龄已经57岁的他正式从火热的影坛中退了出来，转而从政，参加了美国加州州长的竞选，并且成功地竞选为美国加州州长。他的名字就叫作"阿诺德·施瓦辛格"。

其实，在现实生活中，像施瓦辛格这样渴望成功的优秀的人有很多。他们都知道自己每天应当干些什么，如何一步一步地实现自己的梦想。

所以，不管是刚刚走出校门，进入职场的菜鸟，还是已经在复杂的职场打滚多年的老手，都需要为自己制定一个非常详细地的个人发展计划。这个计划的期限可以是 5 年，可以是 10 年，同样也可以是 20 年，这都需要根据你自己的具体情况而定。不过，无论是哪一种时间范围内的计划，它至少应该对以下问题进行回答。

1. 我应该在未来的 5 年、10 年或者 20 年的时间内，实现一些怎样的个人的具体目标呢？

2. 我应该在未来的 5 年、10 年或者 20 年的时间内，赚到多少金钱或者拥有一个怎样的赚钱能力呢？

3. 我应该在未来的 5 年、10 年或者 20 年的时间内，拥有一种怎样的生活方式呢？

闻名中外的潜能开发专家——安东尼·罗宾曾经提出了下面的建议，相信这些建议将会对我们产生非常大的益处：

对于你每一天的生活，都应当认认真真地计划一番。你渴望与哪一个人在一起呢？你应该做一些什么事情呢？你应该怎样开始这一天的活动呢？你应该朝着哪一个方向前进呢？你应该取得怎样的一个结果呢？希望你从起床的时候开始，一直到上床睡觉的时候为止，一整天都有着一个非常恰当的计划。

一切的结果和行为都是源于自己内心的构思，所以，必须清醒一点儿，顺着自己所渴望的方式，对自己的每一天好好地进行计划，然后努力地执行吧！

天下大事，必作于细

老子曾言："天下难事，必作于易；天下大事，必作于细。"这就是说，大事始于细节。世界著名的大文豪——伏尔泰曾经说过："使人疲惫的不是远方的高山，而是你鞋里的一粒沙子。"美国有名的质量管理专家——菲利普·克劳斯比也曾说过："一个由数以百万计的个人行动所组成的公司，经不起其中1%或2%的行为偏离正轨。"

在现实社会中，很多人对于事物愈发追求完美，对于细节问题也愈发重视。但是也有不少人觉得，只要大体上能过去，可以忽略细枝末节。其实不然，不管是做人，还是做事，都应当对每个细节加以关注，只有给予细节足够的重视，将小事做好了，最终才能成就一番大业。

在日常的工作与生活中，总有不少人对于小事或者事情的细节不屑一顾，总是觉得只有大事才是他们应当予以关注与考虑的问题，只有将大事做好了，才能有所成就。殊不知，不关注细节，做不好小事，就意味着与成功无缘。

当我们对别人所做的惊天伟业惊叹不已时，往往会对他们背后默默无闻的点点滴滴的努力予以忽视。为什么成功者能取得成功？并不是因为他们拥有多么优越的先天条件，而是相较于其他人，他们下了更多的功夫，而且这些功夫大部分都体现在细节上。

众所周知，苏东坡不仅是一个著名的文学家，而且还是一个非常棒的画家。有一次，他正在家中作画，有朋友过来拜访。这个时候，苏东坡已经差不多将画完成了。朋友看着苏东坡的画，啧啧称叹。对此，苏东坡并没有得意，而是又将画笔拿了起来，将画中一个地方稍稍做了些许修改，并且说道："这个地方润一润色，就会变得更好，这样一来，这个人的面部表情一下子就柔和了很多，整幅画也变得更协调了。"

朋友却满不在乎地说道："这都是一些琐碎的地方，根本没有人会关注的。"

苏东坡却十分认真地回答道："可能是这样吧。但你要知道，正是这些细小的地方，才让整幅作品趋向完美，而让一件作品完美的细小之处，并非一件小事情呀。"

平时，我们经常会遇到很多烦琐的小事，尽管从表面上看起来这些小事并不是很重要，但倘若用心去做，将其做成做好，那么就体现出了对完美细节与人格的追求，而因为这些被注重的小事累积出来的大事，将会变得更为完美。

南唐被宋灭国后，后主李煜成了宋太祖的阶下囚。太祖害怕李煜性格刚烈，会有自杀的倾向。这时，身边的一位大臣说："李煜绝不会自杀。"问其原因，原来这名大臣看到李煜在下船时还小心掸掉了衣服上的一点泥土。

李煜将入囹圄，却能如此爱惜衣服，此人必定爱惜自己的生命。此后几年，李煜一直受制于人，备受凌辱，终以多愁善感的形象留存于史册。

这名大臣通过李煜一个掸土的小细节看透了他的性格，从而很好地掌控了他，为自己的"上司"谋取了更多的利益。

我们都读过应聘者通过捡起地上的废纸，而成功通过面试的故事，这些细节带来的成功看似偶然，实则孕育着成功的必然。

在宝洁公司推出汰渍洗衣粉初期，市场占有率与销售额以一种令人震惊的速度上升。但是，没过多长时间，这种增长的势头就慢慢地放缓了。对此，宝洁公司的销售人员很是疑惑，尽管他们做了大量的市场调查，但始终没能将销量停下来的原因找出来。

于是，宝洁公司开办了一次产品座谈会，不少消费者参加了这次座谈会。在座谈会上，有一位消费者抱怨道："汰渍洗衣粉的用量实在太大了"。这一句话就将汰渍洗衣粉销量下滑的关键原因说了出来。

这个消费者继续说："你看一下你们所做的广告，倒那么长时间的洗衣粉，衣服的确能洗得干干净净的，但需要的洗衣粉太多了，这样计算起来很不合适。"

听了消费者的话后，销售经理急忙找来广告，对展示产品部分中倒洗衣粉的时间进行了计算，一共倒了 5 秒钟，而别的品牌的洗衣粉，在广告中仅仅有 1.5 秒倒洗衣粉的时间。

正是一时大意，疏忽了广告上这个小细节，结果，严重地损害了汰渍洗衣粉的销售与品牌形象。

当今时代，可以说是一个细节制胜的时代，不管你从事什么样的工作，都应该重视细节问题，很多时候，不能做出傲人的业绩，主要归咎于细节。因此，无论到了什么时候，我们都必须在意细节，时刻谨记：重视细节，方能收获成功。

第四章

挑战：胆量有多大，路就有多宽

"不入虎穴，焉得虎子"，人生就是一场博弈，只要敢闯敢拼，敢于吃苦，就能增加自己成功的筹码。

一没钱二没势，还不赶紧去拼本事

放下那些对你来说"生来不公"的包袱，专注自己，培养自己的本事，才是立足于这个世间，获得真正发展的硬道理，不要让"没有依靠就没有成功"的局限限制你的行动，阻拦你的梦想。

时下有一句很流行的话是这样说的：今天的社会，学习好不如长得好，长得好不如嫁得好，嫁得好不如有个好爸爸。

近年来，各种匪夷所思的依仗"家庭背景"横行霸道的悲喜之剧，使得"拼爹"行径愈演愈烈。这给很多没钱没势的家庭带来不少困扰，多少学子为争考公务员，一次又一次见识到"官二代"的优势，生怕自己在面试的时候没有"关系"，望而却步；多少艺术梦想者希望自己的艺术道路精彩，却一次又一次见识到"星二代"的春风得意，再也鼓不起勇气；多少青年想通过自己的奋斗创造财富，却一次又一次见识到自己与"富二代"的差距，怀疑自己努力的价值。

于是，有人就说了，想做官我们拼不过"官二代"，想创业我们拼不过"富二代"，想出名我们拼不过"星二代"，这个社会，没钱没势的我们得拼什么？

"拼本事！"中南大学的校长张尧学在 2015 年的毕业典礼上对他的学生这样说。

诚然，有个当官的爹，有个有钱的爸爸会有更优越的教育条件和更多提升的机会，但是如若本身不努力，不会利用机会铸造自己的本事，即使有个好爸爸，又能怎样？

没有人生来就富，所有的财富都是从无到有的。有的人"含着金勺子"长大，可那些财富也是祖辈们沥尽心血获得的，如若不懂得经营，只会让财富流失，所谓"富不过三"说的也就是这个道理。有的人在平凡中成长，但只要自己努力，有了创造财富的资本，自然也能获得财富。在我们身边，有无数白手起家最后变成千万富翁的实例，何境晶就是其中由平凡到不平凡的一个。

何境晶是淘宝网店的一个店长，他利用阿里巴巴创造的淘宝网购平台，在五年的时间里，运用自己设计的"眼袋自制"，从最初的几千元家产变成了一个资产达到 8000 万的千万富翁。

淘宝是马云一手创立的电商帝国，同样也是 300 万 C2C 卖家的高速孵化器，2003 年淘宝诞生到如今，成了真正引领电子商务平台的巨头。2008 年，何境晶正式进驻淘宝，当时淘宝正实施"三年免费"策略，门槛非常低，何境晶等于是零成本拥有了这样一家新兴网店。

淘宝网在 2008 年时候的架构还十分简单，远远没有现在这么丰富的排序功能和货品陈列，何境晶戏称其为"蛮荒时代"。

据他回忆，当初是女朋友偶尔在网上贩卖一些二手闲置用品，而他的专业是服装设计，他有自己的全职工作。直到他的一个韩国朋友要他帮忙推销一批库存，他们才开始考虑利用淘宝。

不过，淘宝的工作并未成为何境晶的工作重心，因为每天所卖的东西非常有限，每样东西只能赚到一两元钱，但是每个月可以升一个信用钻，很好地积攒了网店的信用度。

转机来源于何境晶参加的一个以"卫衣"为主题的平台活动，让他们一下子卖了三百多件衣服，他不得不请假回家帮忙。

从那以后，何境晶就很留意各种活动，积极参加，大半年的时间，小店的营业额达到了 3000 笔，他和女友租下的小屋已经无法容纳货物，只能搬家换到更大的地方。2009 年 6 月，何境晶正式辞掉了服装设计的工作，专门开起了淘宝店，找了一个 105 平方米的工作室，雇了三名员工，他称之为"铁器时代"。

当时所卖的物品，是何境晶自己试着设计的，其中一种"眼袋自制"的产品卖得很好，成了他发家致富的法宝。

2010 年 4 月 17 日，何境晶正式将小店更名为"眼袋自制"，换上了全新的店名、logo。上线当天，销售额从原来的 3 万 ~ 5 万一跃变成了 12 万。随后几年，何境晶一跃成为千万富翁。

这是一个真实的故事，它告诉我们，机会是依靠自己发现的，财富是依靠自己创造的，成功是依靠自己闯来的。

也许你也在感叹房子太贵，买不起；爱情价太高，爱不起；仕途路太难，走不起；创业路太长，赌不起。可是，央视名嘴白岩松说过这么一句话，"没有一代人的青春是容易的，每代人都有自己的宿命、挣扎和奋斗"。他以自己当年独自到北京，不认识任何人也没有任何关系，且在几十年的职业生涯中，从没有为自己的岗位送过一次礼，全凭自己的本事获得了今天成就的实例，告诫大多数没钱没势的人，不要失去对梦想的追求。

这一代人有什么不好呢？可以通过互联网来揭露现实中的不公平，可以通过高考进入高等学府学习，通过国考、省考来做公务员，可以通过大型的选秀节目展示自己……

停止抱怨，抱怨只是在浪费时间，从"没钱没势，人生注定平凡"的思维局限中跳出来。

告诉自己：不畏强权，不服输

只要不服输，失败就不会是定局。

瑞典某一个小镇上，两个男孩一起去商店，其中一个男孩要去给母亲买火柴，另一个小男孩去卖火柴。在去商店的路上，去买火柴的小男孩一直在抱怨很辛苦，路途很遥远，噘着小嘴不断地发着牢骚："我宁愿搭上自己的零花钱，哪怕火柴贵点也不在乎，我可不想让自己的腿受罪。"

"自己不就有多余的火柴嘛，干脆我和他做这笔买卖好了。"卖火柴的男孩想。于是，他和小伙伴"谈判"。很快，双方顺利成交，望着小伙伴欢喜离去的背影，他也感到很高兴。他终于能够自己挣零花钱了，这是他很久以来的想法。

随着不断成长和"做买卖"的经验越来越丰富，他已经不再满足于单笔交易。决定把火柴卖给更多的人，他还配置了自行车，向附近的邻居推销自己的火柴。因为是大批量购入，进货价格很低，他采取薄利多销的模式，在进货价格上稍微提价进行销售，所以买的人很多。

他的火柴价格便宜，而且送货及时，人们都非常喜欢他，他的生意范围不断扩大，于是他决定试试别的商品。他经常询问邻居缺什么用品，还需要什么东西，然后认真地分类记录在自己的本子上。到下次进货的时候，他会尽量满足大家的需求。小镇上的人都亲切地称他为"卖火柴的小男孩"。

他的经营范围逐渐扩大，由火柴发展到吃的、用的、饰品等，包含生活、学习用品等各个方面。每到周末，他都会背着大包，骑着自行车走街串巷地卖东西。每次当他满头大汗地出现在邻居的门前时，不论他们有无需求，他都会热情地和他们交谈，满脸真诚地希望能给他们帮助。他对工作的热情让他忘记了辛苦。

这个小男孩就是后来的世界首富、宜家的创始人——英格瓦·坎普拉德。

宜家一路走过来也不是顺风顺水的。每个行业都有自己的协会，都有特定的行规，如果有谁打破固有的规则，将会遭到其他同行的抵制和打击，家具行业也不例外。

刚刚踏入生意场的坎普拉德面对的是一个保守的行业，他大胆地作出了以展厅式进行销售的决定。将家具分别摆放在两层楼上，按质量分为不同的档次，标明不一样的价格，放在不同的区域。不管什么样的价格，顾客往往都会选择比较贵的那种。

坎普拉德的创新举措让竞争对手恐惧不已。他们纷纷抵制，甚至不惜任何代价，要关停他的展销会。但是，坎普拉德表现得很坚强，他相信自己能够胜利，他不会轻易放弃。

1954年，在一个交易会上，为了使自己的地毯和小挂毯能更多地出售，坎普拉德每天都得接受20克朗的罚款，连续25天从未间断。坎普拉德的坚持是有意义的，人们开始疯狂抢购宜家的商品。这一现象也引起了媒体的关注和报道，更是掀起购物狂潮。

但是，"木秀于林，风必摧之。"宜家的销售盛况激怒了全国家具经销商联合会。他们下达最后通牒：谁要是继续向宜家供货，其他所有经销商将不再采购他的家具。

许多厂家都害怕了，他们不敢和联合会作对，放弃了和宜家的合作。事关企业的生死存亡，坎普拉德知道不能怪对方。但是如此一来，宜家的日子就很不好过了。抵制和封锁将增加公司的生产成本和采购难度，这会导致交货期的拖延和商誉的损失。长期如此，宜家能不被拖垮吗？

不过，由于坎普拉德的良好品行，很多合作伙伴都不忍放弃他，即使困难再多，他们也愿意和他一起面对。在宜家最艰难的情况下，合作伙伴们只是经常改变交货地点，还是勇敢地与坎普拉德站在一起，保持着密切的联系。白天取货有风险，他们就选择在夜晚行动。行会打压得越厉害，坎普拉德和合作伙伴们越坚强、越团结。

坎普拉德也有软弱的时候，当自己一个人时，他也会偷偷掉眼泪。毕竟这真的是个很大的困境，他有说不出的委屈和不甘。拭去泪水之后，坎普拉德考虑得更多的是如何找到彻底摆脱困境的办法。

1952 年，家具行业垄断组织的限制规定已经到了无以复加的地步。他们不准各参展企业在展会现场接受订单。几年之后，家具经销商联合会甚至禁止坎普拉德在交易会展出的商品上明码标价。

垄断组织毫不放松，一再寻找机会进行打击，禁止坎普拉德做任何事情，妄图扼杀他的崛起。但是坎普拉德并没有被吓倒，也没有退缩，他依然不断寻找着各种打开市场的办法，行会不允许宜家以自己的名义出现，宜家就以坎普拉德旗下子公司的身份进行展销，或者与值得信赖的供货商合作，甚至对此感兴趣的人都可以。

通过不断的尝试，坎普拉德终于看到了希望。他成立了一系列不同类型的公司，可以扮演买卖双方各种不同的角色。斯文斯卡·希尔科公司成立于 1951 年，是他的第一家家具出口公司。之后，他又开办了斯文斯卡皇家进口公司、著名的斯文斯卡·森塞罗公司。此外，他还开办了一家名叫海姆塞维斯的公司，专营邮购业务。

坎普拉德开办了许多大小不一、种类不同的公司，所以在一封来自家具经销商联合会的信中，他们称宜家为长着七个脑袋的怪兽，并形象地解释道："你砍掉一个，另一个会立刻冒出来。"

行业联合会的董事们以企业自由化的名义向宜家公开宣战，而在此之前，这些人还在刚刚结束的年会上肯定了市场竞争比计划经济具有更多的优越性。此外，他们还拉欧洲贸易商品保险公司一起来"努力限制此类销售方式"。同时，他们对零售业务也大加贬斥，抨击宜家的行动太猖獗。

坎普拉德不能就这样任他们限制和打击，他必须进行反击。他选择了公布价格，在所有的交易会上宣布宜家的商品价格，让顾客一眼就能看到宜家的实惠。

宜家的连锁店开到了小镇上，只要是能举办交易会的地方都能看到宜家的影子。即使不是用自己公司的名义，宜家也会通过子公司或者其他有资格参加展览的家具供货商的帮助进行交易。

经历了无数困境之后，宜家终于走上了自己的发展之路。

面对势力强大的对手，是什么让势单力薄的坎普拉德顽强生存？坎普拉德就像在夹缝中生存的杂草，面对熊熊烈火无处可逃，随时都有可能被烧成灰烬，可他依然有着"野火烧不尽春风吹又生"的韧劲。正是不畏强权、不服输的精神给了他坚持的力量，使宜家从危机走向转机，最后化危为安，这一点有多少人能做到！

坚持到最后，才能看到努力的结果

最有可能实现梦想的人，不是最有天赋的人，而是能坚持到最后的人。

商机总是留给坚持不懈的人，这些人在多年的坚持中，对所做的行业有更多的经验和更多的理解，也更加容易获得成功。

"骐骥一跃，不能十步；驽马十驾，功在不舍。"如果因为一点挫折就放弃远大的目标，只能是半途而废，一事无成。创业者要想创业成功，应该时刻提醒自己，只要确定了目标，就一定要坚持下去，哪怕没有人理解，也要咬牙坚持。

2014年6月，刚刚大学毕业的冯浩和同学王鹏合伙创立了一家网络公司，主营电子商务。两个年轻人早在学生时代就对这一项目做了大量的市场调查和可行性研究，并制定了非常详尽的策划方案和发展计划。两个人都信心满满，他们相信这一项目有着巨大的市场潜力，如果发展顺利，就一定能够成功。

经过近半年的投入和准备，2015年初，他们的网站正式上线了。当真正开始运作的时候，两个年轻人才发现，他们想得太简单了。上线之初，尽管网站推出了很多优惠政策，但招商情况却始终不太理想。网站上的商家少，商品不全，自然无法吸引用户，而公司只有两个业务员，冯浩和王鹏不得不亲自上阵，一家一家地谈客户，晚上还要测试网站、更新内容、处理订单，两个月下来，两个人都快累垮了。

辛勤的工作并没有换来网站的好转，到 2015 年 5 月，他们的资金已经用光了，还拖欠了员工两个月的工资，网站没有任何起色。面对极度窘迫的处境，王鹏动摇了，他想放弃，并劝冯浩也放弃。但是冯浩坚信网站的发展前景一定会好，只要坚持下去就会成功。又艰难地度过一个月后，王鹏向冯浩提出退股。

冯浩向家里借了一笔钱，清算了股份，又结清了员工的工资以后，已所剩无几。他意识到，网站要想发展下去，资金是首要问题，自己的这点钱无论如何是做不下去的。于是，在跑客户、维护网站之余，冯浩又多了一项工作——找投资。

就这样过了好几个月，冯浩用一份几乎无懈可击的网站发展策划方案和自己的态度，得到一家风险投资商的信任，成功完成首轮融资。资金有了，一切开展起来就顺利多了。

冯浩迅速建立了一个新的团队，经过努力，很快就在电子商务网站中站稳了脚跟，并呈现出良好的发展态势。现如今他已是电子商务圈小有名气的企业家。

而王鹏在退出网站后，进入一家大型网络公司打工，过着普通的工薪族生活。再次见到冯浩，他在惭愧之余也深感后悔："那个时候真的太难了，我无论如何也想不到，离成功只有一步之遥。"

冯浩和王鹏由联盟到分道扬镳，有了不同的人生轨迹。冯浩坚信网站的发展前景，通过自己的坚持，成为成功的创业者；而王鹏却没有继续坚持下去，中途退出，成为一名普通的工薪族。

很多时候，成功和失败只有一步之遥。在创业的路上，挫折和困境都是难免的，商机眷顾那些能够坚持下来的人。大浪淘沙，在绝境中仍能咬牙坚持到底的人，才能成为真正意义上的强者。

不敢冒点风险，就有失去一切的风险

一点风险都不冒，其实是在冒着失去一切的风险。

看到别人工作出色，备受重视和重用，是不是很羡慕？曾经的同事成为自己的上司，是不是感到心理不平衡？看到别人功成名就，而自己还一事无成，是不是感到很沮丧？

事实上，不用羡慕，不用心理不平衡，也不用沮丧，而该好好地问问自己，遇到难以克服的困难时，是不是为了维护自身安全和既得利益，不敢去做哪怕是一点点的尝试，畏首畏尾，甚至选择了逃避？

王斌和牛彭大学毕业后，一同任职于一家印刷公司，担任技术专员。刚开始两人没有太大的差别，可是半年后，牛彭晋升为主任，王斌却被老板辞退了。

事情是这样的，公司从德国进口了一套先进的排版设备，老板嘱咐王斌和牛彭好好地研究一下，争取一个星期内投入使用。王斌一看说明书都是德文的，连忙推诿说："我对德语一窍不通，看不懂说明书，我不会用。"牛彭自然也知道这是块"烫手山芋"，但他还是接了下来，并夜以继日地研究。不懂德文，他就请教老师与朋友，或者在网上在线翻译。新设备中有不明白的地方，他就通过电子邮件向德国的技术专家请教。没几天，他已经熟练掌握了新设备的使用方法。在他的指导下，同事们也都很快学会了。

知道牛彭不会让自己失望，老板总是把重要的、难度大的工作交给牛彭完成，而把一些无关紧要的工作交给王斌。牛彭做得多、学得多，逐渐成为公司离不开的人；而王斌做得少、学得少，显得很多余，被开除在所难免。

在大多数人看来，一个星期内掌握运用一个只有德文说明书的新款设备是不大可能完成的任务，难度很高，风险很大，所以王斌不敢接受，结果葬送了自己的前途，被公司开除。而牛彭却积极应对挑战，主动解决问题，最终成为老板青睐的人。

每个人都渴望机遇的到来，面对困难，拿出勇气，只要有胆量去试，就有可能将其打开，风险和机遇成正比，高风险意味着高回报。

那些在自己所在的领域成为领袖的人物，他们之所以具有与众不同的魅力，之所以能够成为顶尖人物，并不在于他们掌握了多么广博的理论，也不仅在于他们的能力有多么出众，而是他们魄力十足，勇于面对风险之事，敢于尝试接触新事物，不甘沉沦。

1976年，美国阿德尔化学公司推出了一种通用型的家用清洗剂——莱斯特尔。产品一问世，总裁巴尔克斯就采用报纸、广播为其做广告，但令人失望的是，莱斯特尔的市场营销很失败，阿德尔化学公司50万美元的营业额在整个市场中只占了微小的份额，这令巴尔克斯很是头疼。

经过一番思索，巴尔克斯又想到了电视广告，他决定选择晚上六点以前、十点以后的"垃圾时间"。阿德尔化学公司的其他人一致表示反对，建议巴尔克斯选择黄金时间做广告，电视宣传主要是由黄金时间的广告节目构成的，只有肯花巨资购买黄金时间做广告，才能取得良好的宣传效果。

不过，巴尔克斯认为黄金时段广告众多，很难给观众留下深刻的印象。如果连续几个月都在"垃圾时间"播出莱斯特尔的广告，既能够节省一部分财力，又不会与其他广告节目冲突，反而能给观众留下深刻的印象。于是，他毅然与电视台签订了合同，每周利用 30 次"垃圾时间"高密度地做莱斯特尔的广告。

连续两个月利用"垃圾时间"播出广告后，莱斯特尔在霍利约克市场上的销量大幅度提升。四年的时间里，巴尔克斯在"垃圾时间"所做的广告宣传总量比可口可乐等多年雄踞广告榜首的大公司还要多，美国广告界宣称这是"不可思议的电视年"，莱斯特尔家用洗涤剂的销售额创下高达 2200 万美元的利润。

美国传奇人物、拳击教练达马托曾说过："英雄和懦夫都会有恐惧，但英雄和懦夫对恐惧的反应却大相径庭。"聪明的人知道风险不只是危险和苦难，更是机会和希望。只有鼓起勇气面对风险，风险才有可能被解决。不冒点儿风险，哪来成功的机会呢？

机遇对任何人都是公平的，关键要看你是否是一个有魄力的人。要勇敢面对困难，摆脱畏惧的心理。只有魄力十足，勇于面对风险之事、敢于尝试新的事物，才会有更大的成功。

冒险不是冲动，冒险是行动

不敢冒险的人既无骡子又无马，过分冒险的人既丢骡子又丢马。

有很多人害怕冒险，甘于平庸。这种心态有其合理之处，但是过分的谨慎却是不可取的。过分的谨慎就会变成胆小，不利于事业的成功。

只有敢于冒险，才会对生活有所追求，才能热血沸腾、干劲十足，也才会加倍努力。成功人士何永智的事例就很好地诠释了这点。

何永智原来在一家制鞋厂工作，丈夫是电工，日子过得很清贫。她不甘于这种只能解决温饱问题的生活，于是下班后就做些小买卖，以改变窘迫的现状。

改革开放初期，何永智大胆地把房子卖了做生意。卖掉房子的价格是原来买房时的 5 倍，她从中小赚了一笔。之后，她用3000 元买了成都市八一路一间临街房，用来卖服装和皮鞋。

后来，八一路改成了火锅特色一条街，何永智果断地关闭了原来的店铺，开了一家"小天鹅火锅店"。刚开始，店面很小，只能摆下三张桌，设三口锅。第一个月，由于没有经验，火锅店亏损。第二个月，何永智把心思用在两个方面：一是口味，二是服务。结果，她的生意一天天好起来。

在何永智的努力下，火锅店越来越红火，一天的收入将近她过去一个月的工资，但她并不满足，盼望着也当个万元户（20世纪80年代初，万元户还很少）。

为了这个店，何永智废寝忘食，把所有的精力都用在经营上，火锅店的规模越来越大。6年后，她成了这条街上的"火锅皇后"，经营面积扩大到100平方米。

20世纪90年代初，何永智在成都租下2000平方米的房屋，开设了第一家分店。分店也开得同样成功，何永智接着扩大规模，相继在绵阳、双流等周边地区开设分店，影响越来越大。

1994年，天津加盟连锁店的开设使何永智的火锅事业又上了一个新台阶。故事是这样的：1992年，到绵阳办事的天津人景文汉看到小天鹅火锅那么红火，便产生了在天津开分店的念头，于是开始寻找何永智。足足找了3个月，他才找到在武汉开店的何永智，并提出合作的请求。何永智被对方的诚意所感动，同意合作，而且条件优惠。她说："我出人员、技术、品牌，你投入资金，共同办店。收回投资前，三七分成，你七我三；收回投资后，五五平分。"

天津连锁店的开设让何永智看到了事业发展的另一番天地，于是她又大干了一番，以平均每月一家的速度开办加盟连锁店，向全国各大城市推进。很快，上海、北京、南宁、广州、西安、沈阳、哈尔滨等地都开起了加盟店。她甚至把火锅店开到了美国西雅图等地，成为国际型企业。这一系列的举动，使何永智一举跨入亿万富翁的行列。

目前，何永智已成为大企业的集团总裁，曾连续当选为第八届、第九届全国妇联代表，她所创办的企业也跻身2015年"中国私营企业500强"的行列，成为"中国最具前景的50家特许经营企业"。

　　现在回过头来看看，如果何永智甘于某一阶段的富足，害怕冒险，见好就收，仅满足于在天津的经营，她会成就后来的大事业吗？只有超越了现在的自己，才能让事业更上一层楼。

　　冒险的精神是必需的，但是绝对不能冲动，更不能只看到利益而忽视风险的存在性。如果被利润冲昏了头脑，那么你所做的一切都必将是不理智的。如果能禁得住诱惑，能够理性地对待，那么就能让自己减少一些风险和失败。

　　当准备冒险的时候，不能仅凭满腔热血就一头冲进去，而是要从全局考虑，理智地选择。只有这样，所冒的风险才会有价值，才有可能获得成功。

牛人未必比你"会做"，但肯定比你"敢做"

世界上有许多事业有成的人，并不是因为他比你会做，而是因为他比你敢做。

机遇青睐那些"另类"的人，他们敢做别人不敢做的事，把别人认为不可能的事情变成可能，这需要有足够的勇气。

抓住机遇需要智慧，更需要胆识。成功的商人常常会做出一些让人们目瞪口呆的、勇敢的变革或投资行动，有时几乎是以企业命运作赌注，要冒很大的风险。

摩根在大学毕业后和大多数年轻人一样，渴望成就一番事业，他在父亲好友开设的邓肯商行谋到一份职业。在一次采购途中，摩根碰到一次发财的机会。当时，轮船停泊在新奥尔良，他走过充满巴黎浪漫气息的法国街，来到嘈杂的码头。码头上，远处两艘从密西西比河下来的轮船停泊着，工人忙碌地上货、卸货。

突然间，一位陌生人拍了拍他的肩膀，问道："小伙子，想买咖啡吗？"那人做了自我介绍，他是往来美国和巴西的货船船长，受托到巴西的咖啡商那里运来一船咖啡。没想到美国的买主已经破产，他只好自己推销。他没有这方面的经验，希望尽快卖出，如果谁给现金，可以半价买下。

摩根的大脑飞速转动，反复思索后认为有利可图，他打定主意买下这些咖啡。他带着一些咖啡样品去往新奥尔良所有与邓肯商行有联系的客户那儿进行推销。很多经验丰富的职员都奉劝他谨慎行事，这些咖啡的价钱尽管很让人动心，但是舱内的咖啡是否与样品一样，谁也不敢保证，在这之前就发生过欺骗买主的事。

不过摩根已经下定决心，也没有进一步去调查，就用邓肯商行的名义买下全船咖啡，并在发给纽约邓肯商行的电报上写道自己已经购买到一船廉价咖啡。很快，邓肯商行回电对他的行为严加指责，不允许他擅自利用公司的名义做生意，勒令他立即取消这笔交易！气愤的摩根并未撤回交易，他决定自己干。摩根电告父亲，借来父亲的钱偿还了挪用邓肯商行的钱。

这批货刚刚到手，巴西咖啡因受寒大幅度减产，价格瞬间涨了2~3倍。摩根抛售咖啡，赚了一大笔钱。虽然因"咖啡事件"弄丢了邓肯商行的重要职位，但这件事却也证明了他的经商才干，日后他建立起自己的商行——摩根商行。

机遇就在别人认为不可以的地方，要凭着自己的智慧发现潜在的商机，敢做他人不敢做的事情。

在我国，走在商人前列、最能抢抓机遇的要数温州商人了。温州人很早就走出自己的家乡到全国各地做生意，别人还没有市场意识的时候，他们已经在各地的市场上奋力打拼了。刚开始他们经营的是一些技术含量不高的鞋、服装等商品，当其他人开始参与市场时，他们已经积累了一定的资本和市场经验。专家认为"这是一种空隙，温州人打了一个很好的时间差"，他们走在了市场的最前沿。

1983年春节，一位温州华侨从美国打来电话："美国警察总署传来消息，美国警察要更换服装，34万人急需68万副标章，每人两套便是 130 多万，你们能做吗？"两个温州个体户心急火燎地直接飞往美国，向美国警察总署长阐述承包的意向。美国人认为中国人根本无法做出一流的标章，两个温州老板不温不火地说："中国有句古话'耳听为虚，眼见为实'，请你们派两位专员到中国看一看，费用我们全包。"两位警察署专员来到温州后，工人当面表演了从投料到成品只需要 35 分钟的过程。几天后两位专员携带 100 副样品回去了，美国警察署的领导们一看，价格不到美国军工厂的 1/2，而且不要订金，买卖立即成交。温州人如法炮制，做成了联合国维和部队及中国人民解放军驻港部队标章的生意。

不收订金就开始加工服饰，也只有温州商人敢这么做，他们敢做别人不敢做的事情，意大利或者欧洲市场只要一发布一个新的流行款式，他们第二天就会大量生产，占领市场。

温州商人对时间非常敏感，这也是他们能够得到别人得不到的机遇的原因之一。他们深信时间就是机遇，商场如战场，只要抓住时间，就等于抓住了机遇。为了能够及时地收集到欧洲最新的服装款式，浙江的服装企业大多在欧洲设立专门的信息收集点。

很多人害怕失败，宁愿放弃机遇。发现了商机而不敢冒险，就真的与机遇错过了。冒险与收获常常是结伴而行的，要有魄力，把握险中之夷，危中之利。成功者，未必比你"会做"，但是肯定比你"敢做"。有些机会很多人不敢抓，而敢于争取的那些人，多数获得了成功。

第五章

庸人才会自扰，上帝总喜欢不为难自己的人

庸人自扰是为难自己，让自己每天神经紧绷、忧心忡忡只会使自己身心俱疲。生活里总会有变数、总会有风雨，任谁都无法提前预知一切。所以，让自己焦虑烦扰不如让自己释怀轻松地过每一天，顺其自然，淡定坦然地面对一切，不要让担忧禁锢你的身体、束缚你的内心。

事情并不是你想象的那样

世界上有很多事情，都是非常奇妙的。有的时候，你的眼睛看到的并不是事情的真相。因此，适当地对自己的眼睛进行怀疑，极有可能会发现更好的出路。有些事情，你认为是正确的，却不一定是正确的。实际上，在现实生活中，不少事情并不是你想象的那样。而导致这种情况发生的根本原因，就是你的主管思维误导了你。

有一天，一个瞎子带着自己的导盲犬过马路的时候，正好被一辆失控的大卡车撞上了，这个瞎子与导盲犬都死在了卡车的车轮下。

瞎子与狗一同来到了天堂大门前面。这个时候，一位天使将他们拦了下来，说道："不好意思，目前，天堂仅仅剩下一个名额了，你们当中只能有一个进入天堂。"

瞎子听了天使这话之后，急忙问道："我的狗不明白什么是天堂，什么是地狱，能否让我来决定到底谁进入天堂呢？"

这名天使有点儿鄙夷地看了瞎子一眼，皱着眉头说道："对不起，先生，每个灵魂都是平等的，你们必须进行一场比赛，然后才能决定到底由谁进入天堂。"

瞎子十分失望地询问道："哦，那是什么样的比赛呢？"

天使回答："这是一个十分简单的比赛——赛跑，从这里开始向天堂的大门跑去，谁先跑到目的地，谁就有资格进去天堂了。不过，你也不需要担心，由于你现在已经死了，因此就能看见东西了，而且灵魂的速度与各自的肉体没有任何的关系，越是单纯善良的人，奔跑的速度就会越快。"

瞎子想了会儿之后，点头同意了。

天使让瞎子与狗准备好了之后，就宣布比赛开始了。刚开始，天使认为这个瞎子肯定会为能进入天堂，而非常拼命地向前跑。没有想到的是，瞎子一点儿也不慌张，慢吞吞地向前走着。更让天使感到惊讶的是，那条导盲犬也没有向前奔跑，它正在配合着主人的步伐，在旁边慢慢地走着，一步也不愿意离开自己的主人。

这时，天使突然明白了：原来，这条导盲犬多年以来已经养成了一个习惯，永远跟在主人的身边，在主人的前方保护着主人。可恶的瞎子，正是知道这点，才那么胸有成竹，不慌不忙的，只要他在天堂的大门前命令他的狗停下，那么就可以非常轻松地赢得这场比赛了。

天使看着狗如此忠心，很替它难过。她大声冲着那条狗喊道："你已经为你的主人奉献出了生命，如今，你的主人已经能够看见东西了，你也不需要再为他领路了，你赶紧跑进天堂吧！"

然而，不管是瞎子还是那条狗，都好像没有听到天使的喊话一样，依旧慢慢地向前走，就仿佛在大街上散步一样。

果然，到了距离终点还有几步远的时候，瞎子发出了一声口令，而那条狗则非常听话地做坐了下来。天使用非常鄙视的眼神看着瞎子。

这个时候，瞎子微笑着对天使说道："我终于将我心爱的导盲犬送到了天堂，我最为担心的就是它根本就不想进入天堂，而只想跟着我……可以用比赛的方法决定这一切真的非常好，只要我再命令它向前走几步，它就能够进入天堂了，那才是它应该去的地方。因此，我想请你帮我好好照顾它。"听了瞎子的话，天使一时之间愣住了。

　　瞎子说完这些话之后，就向他的狗发出了一个前进的命令。就在那条狗到达终点的一瞬间，瞎子就好像一片羽毛一样跌进了地狱的方向。他的狗看见了之后，匆忙地掉过头来，向自己的主人追去。懊悔不已的天使张开自己的翅膀追了过去，想要阻止那条导盲犬。但是，那是这个世界上最为纯洁善良的灵魂，它的速度要比天使的速度快很多。

　　最后，那条导盲犬终于又与自己的主人在一起了，即便是在地狱，导盲犬也永远守护在自己主人的身边。天使在那里站了很长时间，这时他才知道自己从开始就已经错了。

　　同样的事情，在不同人的眼中，就有了不一样的是非曲直。因为每个人在看事情的时候，多少都会戴有色眼镜，利用自己的经验、喜好或者标准来评判，其结果很可能就是仅仅看到了表面的假象。

　　的确，在当今这个世界上，有很多的假象。尽管你做不到每件事情都通透明白，但是至少应当做到"任何事情都多思考一下，多问几个为什么"。唯有如此，你才不会轻易地被假象给骗了。

上帝不喜欢爱争执的人

任何事情都不需要争论，只需要将最后的结果给出即可，因为上帝不喜欢爱争执的人。有一句谚语说得好："当你用自己的食指指着他人的时候，不要忘了另外的四个手指正在指着你自己呢。"倘若你不断与别人进行争论，也许有的时候你会取得胜利，但是这种胜利是十分空洞的，因为你永远不可能获得对方的好感。"世界上仅仅只有一种办法能够获得辩论的最大利益，那便是避免辩论！"

美国波士顿的《临摹杂志》上曾经刊登过这样一首十分有意思的打油诗："这里躺着威廉的尸体，他死了还带着他的'对'——他死的时候认为自己是对的，永远是对的，但是他的死就好像他的错误一样。"当你与他人进行辩论的时候，你可能是正确的。然而，对于事实而言，你将不会得到任何的东西，你也只不过是嘴上占占上风罢了，并没有将别人心中的观点改变，谬误还是谬误，而真理也仍然是真理。所以，与他人进行争辩，实际上没有一点儿实际意义。

因此，倘若你想要自己的观点得到对方的认可，那么你就应该表现得谦和一点儿，不要与对方进行争论。你万万不可一上来就向对方宣誓一般地说道："我要向你证明些什么。"那就相当于你说："你没有我聪明，我要将你的想法改变。"

著名的诗人波普曾经说过："你在教导别人的时候，应该好像没有那回事儿一样。事情需要在不知不觉的情况下提出来，就好像被人们遗忘了似的。"在争论的过程中，是不会有赢家的。因为倘若你争论失败了，那么你就失败了；倘若你在争论中获胜了，但是你却会失去朋友，如此一来，你仍然达不到自己的目的，因此，你最后还是失败了。

有一个美国某保险公司上班的推销员杰克，曾经先后好几次向一位大客户推销自己公司的保险。然而，不管他如何劝说，甚至可以说都磨破了自己的嘴皮，那位大客户仍然不买账。可是，就在最近一段时间，他得知那位大客户买了另外一家保险公司的保险，而且保险的数额也非常大。这名推销员对此怎么也想不通。这到底是因为什么呢？

原来，杰克第一次在向客户推销失败的时候，他在离开之前说了一句代表他决心的话："我将来肯定会将你说服的。"而那位大客户则回敬了他一句："年轻人，不要太自以为是了！"就这样，杰克永远地与这个大客户无缘了。

每个人都有好胜之心，倘若我们非得争论出一个胜负成败的话，那么事情最终肯定不会成功的。人们都喜欢比较谦和的人。倘若在与别人进行交往的过程中，你能够以一种谦和的态度待人，那么就能够将事情处理得很好。著名科学家——伽利略曾经说过："你不能够教导别人什么，你只能帮助别人去发现。"

你想要使自己的意见得到他人的认可吗？不妨认真地学习看一下卡耐基总结出来的八项原则，其中有的原则从上文的案例中，你就能够深刻地体会到。这些原则的具体内容：

第一，得到辩论最大利益的唯一途径就是避免辩论，因此，你需要将自己的情绪控制好。

第二，尊重他人提出来的意见。万万不能说："你错了"这样的话，更不要感觉自己有多了不起。

第三，倘若你做错了，那么就应当快速而真诚地承认自己的错误，并且向对方道歉。

第四，在与他人进行交流的过程中，你应该保持友善的态度，并且面带微笑。

第五，应该马上让别人回答："是的，是的。"这是苏格拉底提倡的方法，他先问一些对方肯定会同意的问题，让对方不停地回答："是"。等到对方察觉出来的时候，你们已经得到了统一的结论了。

第六，尽可能地让对方多说一些话，而且对于对方的意见要给予肯定。

第七，随时站在对方的角度进行思考，在作出决定的时候，要让对方感觉那是他提出来的主意。

第八，要注意倾听，千万不要在对方说话的过程中，随意地打断对方。

你怎么能随意与他人攀比

在现实生活中，不少人都非常愿意与别人进行比较。在他们看来，通过比较，能够将事实的根源找出来。但是让人不高兴的并不是人们所追求的事实根源，而是他们之间的比较。

总拿自己和别人进行比较，其实这是一个不好的习惯，因为这样做会使你经常性地发牢骚。常言道"人比人该死，货比货该扔"。所以不能嫉妒别人，要懂得珍惜自己所拥有的。

Skye 的朋友 Angel 刚刚搬到新房子里，所以请她和她老公还有几个同事到他家做客。

看着 Angel 的新家，Skye 心里特不是滋味，因为自己还居住在一个小房子里。Angel 的老公在带着他们参观房子的时候，Skye 的老公除了点头就是呵呵傻笑。

"你就知道笑，你和人家比比！"Skye 恨恨地小声和老公说道。

Skye 下意识地拿自己的老公和人家老公比，可答案是，自己的老公缺点太多。不比还好，越比越来气，Skye 越想越生气。

一段时间以后，Skye 还 Angel 的东西。门正好开着呢，敲门进去后，Angel 两口子都在。

Angel 跪在地上正在擦地，可她老公却悠然自得边喝茶边看电视，时不时地还很不客气地指挥 Angel 说道："看，这儿，还有那儿，都没擦干净，接着擦。"Angel 被指挥得晕头转向。

Skye 有些看不下去了，就和 Angel 老公开玩笑说道："你怎么不去干这体力活啊，让一个女人干这个？"

令她没想到的是，他却很淡定的说："哼，房子是我花钱买的，难道收拾家也要我去做吗？"

Skye 听了他的话大吃一惊。在回去的路上，Skye 想："Angel 每个月的工资也不少。她又出钱又得那么卖力地收拾家，还被老公呼来喝去。想到这里，她笑了，笑自己竟然去嫉妒这样一个老公。自己家的房子虽然没有那么好，可是一家三口却也开开心心。自己经常不想干家务，总是让老公去做洗衣做饭之类的家务，憨厚的老公每次都积极地把所有的家务做好，从来没有说过半个不字。和 Angel 比较起来，我呀，还是一个幸福的女人呢。"

这时，Skye 懂得了一个道理：不能拿自己的东西和别人的比。其实，人们只是看到月亮是明亮美丽的，可他们也许不知道月亮的背面却是黑暗的。

其实，每个人都有自己独立的特性，有的是自己的优点，也有的是自己的缺点。人应该了解自己的优缺点，为什么总是拿自己的缺点去和别人的优点一较高低呢？你只要放正自己，做好自己该做的就行了。

中国有句古话："人比人气死人。"攀比、对比，这是在给自己找不痛快。人的物欲是个无底洞，当你的欲望得不到满足时，就会感到不痛快。其实，只要我们留心去观察，你就会看到，人与人比较的现象是随处可见的。

老婆对老公说："看对门买上新房子准备要搬家了，和你一同进单位的老王如今都当部长了，你哥哥又换车了，我妹妹的孩子都找人上重点小学了。你怎么就那么没有用呢？我跟了你就是每天吃苦受累！"

在单位，总认为自己比别人干得多，但总是在基层徘徊，觉得自己的付出都没有回报。

对明星、球星羡慕嫉妒，认为他们随便唱几首歌、踢几脚球就有大笔的钱拿，而自己受苦受累却刚刚温饱，觉得世道很不公平，心情特别压抑。

每天起早贪黑，努力工作，工资却永远超不了别人，不甘心，更不服气。

看到别人抓住时机，赚了大钱，嫉妒心理又开始有了，心想："不就是机会比我好吗？要是我，我赚的比他还要多！"

回头想想，这样的攀比，有作用吗？别人有的再多再好，那也是别人的事。人人背后都有难以启齿的苦和累，都知道，成功的背后是需要多大的付出和努力，既然人家成功了肯定是在某方面做得比你好！你要是还在嫉妒，劝你还不如留着这时间做点实在的事情呢。

羡慕别人拥有的比你多，如果你有能力，那么你就应该化羡慕为动力，拼命地去充实自己，争取让自己过得比他们都好。如果你没有能力，那么你就不要去想太多，安安稳稳地过好自己的小日子。人与人是不相同的，为什么要去为难自己呢？

因此，我们每个人都要有一颗平常心。不要总去拿自己和别人作比较。记住别人的东西再怎么好，那也是别人的。只有拿自己和自己的过去比，才能觉得自己在前进，生活才能更美好。

永远想着阳光的那一面

在现实社会中，我们可能经常会有这样一种感觉：财富在不断地增加，但满足感却在持续下降；拥有的越多，快乐就会越少；沟通的工具越发多了，但深入的交流却越发少了；认识的人越多，真诚的朋友却越少。

为什么现在越来越多的人会有这样的感觉呢？"在当今社会，生活的节奏越来越快，人们的压力也是与日俱增，有这种感觉也并不奇怪。"

人生在世，不可能总是顺心如意的，要么遭遇困难与挫折，要么碰到某种变故，要么被烦心的人与事困扰。不过，这些都属于正常现象。但是，有些人在遭遇这些现象的时候，就会感到惊慌失措、心烦意乱、垂头丧气、悲观失望、痛苦不堪，甚至丧失继续生活下去的勇气。

倘若放任这样悲观的情绪发展下去，那么就会对人的思维判断造成不良影响，就会对人的言行举止产生不良刺激，就会对人面对生活的勇气造成极大打击。比如，当你遭受老板的责备之后，你就会感到情绪低落；当你被别人误会的时候，你就会感到委屈与愤怒；当你丧失亲朋好友的时候，你就会感到万分悲痛。这样的你就会深切地感受到自己活得非常累，活得非常不开心，活得非常不幸福。

一个深谙生活之道的人所以每天都能保持满面笑容，主要是由于他懂得用犹如阳光一般的心态对待生活，永远向着阳光的那一面。所谓"阳光心态"，实际上是一种积极乐观、开朗宽容的健康心理状态。因为它可以令你感到高兴，可以催你向前进步，可以让你忘记烦恼与疲惫。

分享这样一个故事：

苏格拉底在没结婚之前，曾经与几个朋友挤住一个小房间中。虽然那个房间仅仅只有七八平方米大，但是他每天却过得很高兴。

有人问苏格拉底："你们那么多人住在那样小的房间中，就连转个身都十分困难，为何你每天还那样开心？"

苏格拉底回答："与朋友们生活在一起，在任何时候都能够交换彼此的思想，交流彼此的感情，这难道不是一件令人高兴的事情吗？"

随着时间的推移，朋友们一个个地都成家立业了，也都相继从这个小房子中搬了出去，最后，小房子中只剩下苏格拉底一个人了。不过，他每天依旧过得很高兴。

那人又问苏格拉底："现在，那房子中只有你一个人，多孤单啊，为什么你还那么高兴？"

苏格拉底回答："我有许多好书啊，一本好书就相当于一个老师，我与那么多老师生活在一起，随时都能向他们请教，这难道不应该高兴吗？"

又过了几年，苏格拉底也结婚了，住进了一座很大的楼中。这座楼一共有七层，他就住在最底层。在这座楼中，底层的环境是最差的，不仅十分潮湿、嘈杂，而且还不怎么安全，上面总是向下倒污水，扔各种各样的脏东西，比如，臭袜子、死老鼠等。

那人看到苏格拉底他仍然是一副高高兴兴的样子，再次好奇地问道："你住那样的环境中，也觉得开心吗？"

"当然了！"苏格拉底说："你都不清楚一楼有多少好处啊！

比如，一进门就到自己的家，不需要爬很高的楼梯，搬东西的时候也很方便，不需要花费太多的力气；朋友来家里做客非常容易，不需要一层层地去叩问——尤其令我感到满意的是，可以在空地上养花。种菜，那些乐趣，简直说不完！"

一年之后，苏格拉底将自家在一层的房间让给了一位家中有偏瘫老人的朋友。他搬到了这座楼房的顶层，也就是第七层。他每天依旧活得很快活。

那人揶揄地问道："亲爱的，你现在住七层，说说都有哪些好处吧？"

苏格拉底笑着回答："好处嘛，自然非常多哩！我就举几个例子吧：每天上下楼的时候，就是很不错的锻炼机会，对于身体的健康是很有利的；光线非常好，看书或者写文章的时候不会对眼睛造成伤害；没有人在头顶上干扰了，不管白天还是黑夜，都十分安静。"

后来，那人见到了苏格拉底的学生——柏拉图，他问道："你的老师每天都过得那样快活，但是我却觉得，他每次所处的环境都十分糟糕啊。"

柏拉图给出的回答是："决定一个人心情的，并非环境，而是自己的心境。"

为什么苏格拉底在不同的环境中能始终保持积极乐观的态度呢？原来，苏格拉底在看待事物时，总是看见它好的那一面，对于它不好的那一面予以忽视，这样一来，他的心境就会变得开阔很多，心情自然也就愉快了。

在这个世界上，不管什么事情或事物，都有其好的一面，关键在于你如何去看待。倘若你能够像苏格拉底一样，总是看到事物好的那一面，那么你就可以像苏格拉底那样快乐了。然而，倘若你总是站在相反的角度来看待事物，那么你的消极心态就会令你愁容满面。

聪慧之人都应当具备苏格拉底那样的乐观心态，永远看到阳光的那一面，如此，我们就可以拿到打开快乐大门的金钥匙。当你遭遇挫折的时候，它会给你战胜挫折的勇气，令人深深地相信"方法总是比困难多一些"，催促你继续向前走。

当然了，我们的生活中总是免不了会遭遇阴霾，但是我们又需要温暖的阳光，每当这个时候，我们就应该有意地为自己制造一些阳光。给予自己足够的信任，将自己的心态调整好，给自己制造一些阳光。与此同时，我们还应该给予别人信任与阳光。实际上，我们的言行举止、嬉笑怒骂都是我们得到阳光的途径，只不过我们很容易忽视罢了。小小的幸福就在你的身边，只要你容易满足，那么处处都是阳光。

从现在开始，保持积极乐观的心态，坚信自己的身边布满了阳光。这样一来，我们心中原本已经荒芜的绿洲，才会逐渐地恢复过来，我们生活中那些迷人的鸟语花香、潺潺流水以及生机勃勃的绿色，才会重新回归于我们的内心，点缀着我们无限的梦想……

接受现实，你才能冲刺胜利

当事情已然发生的时候，倘若你拥有改变它的能力，那么就请尽可能地去改变它。反过来讲，倘若你没有改变它的能力，那么就请用积极的心态去接受它。

有一对美国夫妻，在结了婚后十一年的时候，才生了一个儿子。这对夫妻非常恩爱，而这个孩子自然也就成了这两个人的心肝宝贝。

在儿子过2岁生日的那一天，丈夫在上班临出门的时候，看到桌上面放着一个药瓶，瓶子的盖子被打开了。但是因为自己赶时间，所以他仅仅嘱咐自己妻子一声，让她将桌子上的药瓶收起来，然后就急匆匆地关上门去上班了。妻子在厨房中忙得焦头烂额，一时之间将丈夫的嘱咐抛到了九霄云外。

小男孩看到桌子上的药瓶之后，拿了起来，感觉非常好奇。后来，他又被药瓶中药水的颜色给吸引了，于是，他就将里面的药水全部给喝了。结果，这个小男孩因为服药过量而出现了危险。当这个男孩被送到医院的时候，已经抢救不过来了。

妻子被儿子死亡的事实给吓呆了，她不知道该怎样面对自己的丈夫。心急如焚的丈夫赶到医院之后，知道了儿子的噩耗，简直是悲痛欲绝。他看着儿子的尸体，又望了望自己的妻子，然后走到妻子的身边，将妻子抱起来，说道："亲爱的，我爱你。"

这位丈夫并没有被自己的情绪左右，对自己的妻子加以怪罪，反而强忍着自己心中深处的悲痛，努力地安抚自己的妻子。因为他明白，儿子的死亡已经成了不可改变的事实，不管再如何责骂妻子，也不能将这个事实改变，反而还会引来更多的伤心。自己的妻子已经相当痛苦难过了，自己又怎么能够在这个时候再在她的伤口上面撒一把盐呢？这位丈夫可以说是一个非常有智慧的人。是的，不幸已然发生了，我们唯一可以做的就是接受事实。

法国有一个十分偏僻的小镇。在这个小镇上，有一个据说非常灵验的水泉，经常会有奇迹发生，能够医治各种各样的疾病。有一天，有一名退伍的军人，因为少了一条腿，所以只能拄着拐杖一跛一跛地来到了这个小镇上，打算去水泉祈福。小镇上的居民看到他之后，带着十分同情的口吻说道："他真是一个可怜的家伙，难道他要祈求上帝再赐给他一条腿吗？"

这位退伍的军人正好听到了这句话，他转过身来，微笑着对他们说道："我不是要祈求上帝再赐给我一条腿，而是要祈求上帝给予我帮助，让我在失去一条腿之后，也清楚怎样去生活。"

为了已经失去的东西而不断地懊悔，根本没有任何的实际作用。我们最需要做的就是接受现实，然后再好好为自己今天的生活规划一下。

在荷兰一个名字叫作阿姆斯特丹的地方，有一座15世纪修建的寺院。这座寺院的一个废墟中，竖立着一个石碑，而这个石碑上则刻着一句话："既然已经成为事实，那么就只能接受事实。"在漫漫人生路上，我们难免会遇到一些令人不高兴的事情。这个时候，你应该将它们视为一种避免不了的事情加以接受，然后再去慢慢地适应它们。著名的哲学家威廉·詹姆斯曾经说过："要乐于承认事情就是这样的情况。能够接受已经发生的事实，就是能够克服任何不幸的第一步。"

有一个名气非常大的心理学家，为了让自己的学生理解"接受现实"这个道理，在一次给学生上课的时候，拿出了一个相当精美的玻璃杯。当他的学生们正在不断对这只造型独特的玻璃杯进行赞美的时候，他故意装作不小心，将这个玻璃杯掉到了水泥地板之上。这个玻璃杯一下子就摔了一个稀巴烂。他的学生们都连连为此感到惋惜。而这位心理学家则指着地上已经破碎得不成形的玻璃杯说道："你们现在肯定为这只玻璃杯感到非常惋惜，但是这种惋惜也没有办法让这个玻璃杯再恢复到原来的形状了。从今以后，如果你们在现实生活中遇到了没有办法挽回的事情的时候，那么就请认真地想一想这个破碎的玻璃杯。"

有一次，爱迪生的实验室不知因为什么原因突然着火了。等爱迪生赶到现场的时候，他的实验室已经变成了一片火海，实验室中相当昂贵的实验仪器都被烧毁了。爱迪生的儿子为此感到非常心疼。但是爱迪生本人却并不伤心，慢慢地点起一根烟之后，对自己的儿子说道："快去将你的妈妈叫过来吧，很难得看到一场这样大的火，让她也来开一开眼界。"后来，当有人问起这件事情的时候，爱迪生是这样回答的："既然不幸已然发生了，那么我能做的就是接受它，我为什么要跟自己过不去呢？再说了，这一场大火也代表着在此之前我所有的错误都已经被烧掉了，我能够更好地展开我的新工作了，这难道不是一件令人感到高兴的好事吗？"

当不幸降临到你的身上的时候，你必须鼓起勇气去接受这已经成为定局事实。或许你会感到一些不甘心，有些不情愿，但是你必须使自己的头脑保持清醒，正确地对待错误。只有这样，你才会拥有寻找新方向的机会，才能够更好地向成功冲刺！

第六章

命运掌握在自己手中，改变从何时开始都不晚

　　一个人的命运完全掌握在自己手中。你想成为一个什么样的人，想过什么样的生活，改与不改，什么时候改变，都完全取决于你自己，只要你想成为一个有价值的人。什么时候开始都不晚。

觉得为时已晚时，恰恰是最早的时候

当你真心想做某件事情的时候，千万不要觉得为时已晚！

有一位哲人问他的学生："你知道世界上最长的东西是什么吗？"

学生茫然地摇了摇头。

"那世界上最短的东西呢？"

学生仍然答不上来。

哲人微笑着告诉学生："世界上最长的东西是时间，最短的也时间！因为它长的时候，可以无始无终；而它短的时候，一眨眼工夫就没了。"

的确，时间是最难把握的东西，人们常常因为它的悄然流逝而惶恐不安。在很多人看来，时间总是匆匆而过，可是自己拥有的却只是短暂的一刹那。

在生活中，也有很多朋友向我诉说，他们常常觉得时间过得太快了，而自己早已经错过了人生的最佳时机，有很多事情还没有去完成，时间却苍老了年华。因此，他们越来越颓丧，好像无论做什么事情，都已经来不及了。

对于这样的朋友，我总是尽力去劝解，其实我很想对他们说："不要再抱怨自己没有时间，或者为时已晚了，你抱怨的时候，时间就已经从你的身边溜走了！"

很多时候，事情的本质和我们想象中的大相径庭，所以不要让时间成为一种障碍，当你真心想做某件事情的时候，千万不要觉得为时已晚!

　　安曼在纽约港务局工作了大半辈子，作为一名顶尖的工程师，一直到规定的退休年龄，才从工作岗位上退下来。可是退休后的安曼并没有放弃自己的追求。他很快有了自己的想法，那就是创办一家属于自己的工程公司，要将自己的办公楼修到世界各地去!

　　这真是一个伟大的计划，像所有朝气蓬勃的年轻人一样，安曼并没有因为自己的年龄而觉得为时已晚。

　　有了自己的计划，安曼就立刻开始着手，让自己设计的建筑在世界各地崛起。在退休后的 30 多年里，安曼将之前工作中无法实施的大胆创意，不断融入自己的建筑之中，创造了一个又一个建筑史上的奇迹，像华盛顿的杜勒斯机场、亚的斯亚贝巴机场、匹兹堡市中心建筑群和伊朗高速公路系统，这些经典建筑一直被当成大学工程建筑学的教案使用，也是安曼实现自己梦想的见证。

　　在安曼 86 岁时，纽约韦拉扎诺海峡桥圆满竣工了，这是安曼生前的最后一个作品，也是世界第一长的悬体公路桥。

　　我想，对于伟大的建筑师安曼来说，退休并不意味着事业的结束，而是一个崭新的开始。这也是青少年朋友需要学习的地方。只要你勤奋努力，有自信和热忱，那么任何时候开始都不晚!

　　"当你觉得为时已晚的时候，恰恰是最早的时候!"

　　对于青少年来说，很多事情都是如此，只要你愿意，现在就可以开始，而且永远不会太迟。要知道，每个人都是从呱呱坠地的婴儿开始，经过童年、少年、青年、壮年和暮年，然后走向自己的归宿。在生命中的每一个阶段，都有它的特点，只要我们有了自己的目标，并且立刻着手去做，那么任何时候都是一种出发，一种开始，永远都不会太晚。

年龄从来不是你用心努力的障碍

只有你拥有健康的心态，能够剔除心中晦暗的一面，对生活主动出击，为自己营造一个乐观并快乐的世界，那么年龄就不是个事儿了。

外国媒体曾经报道过一篇文章，贝蒂·卡尔曼是一位83岁的瑜伽教练，她可以很轻松地完成很多高难度的瑜伽动作，这在当地可是一个不老的传奇。当有人询问她保持活力的秘诀时，她说：其实很简单，在我的生命里，根本就不存在年龄这个词。

如今再看看我们周围，有多少人年纪轻轻地就开始抱怨"自己老了"，又有多少女子刚过30岁便开始埋怨"人生下坡路"，由此也就失去了奋斗的勇气。

武则天曾经多次召见禅师入宫，听讲禅师说法，其中就包括五祖弘忍的弟子慧安和神秀。

慧安禅师是一位颇具传奇色彩的禅师，年纪轻轻时，便已经名满天下。隋炀帝时期，为了挖掘大运河，隋炀帝下令四处强征壮丁，大肆苦役，造成大片田地荒芜，百姓流离失所，街头饿殍满地，凄苦不堪。而慧安便四处游走，救济四方百姓，受到了百姓们的称颂。

隋炀帝听说后，便想要将其请进宫，可是慧安根本就不理会。为了躲避隋炀帝，慧安只能隐居山林，过起了隐姓埋名的日子。几十年后，唐高宗继位，也派人请慧安出山，担任国师一职。这慧安一听，又连夜逃到了嵩山。

慧安逃到嵩山后，便不问荣誉地位，一头拜在了五祖弘忍门下，要知道慧安当时的名气和年龄都远远大于五祖弘忍。然而他却不管不顾。原本想着就这样在寺中安安稳稳地参经念佛，谁知，朝廷似乎没有放过他的打算，一次次地派人来请，扰得寺内不得安宁。

无奈之下，慧安禅师又向朝廷推荐了小师弟六祖慧能，并且说禅宗的真正传人就是慧能。到了武则天时期，她三番五次地派人请慧安禅师下山，为自己讲述禅道。慧安禅师拗不过武则天，只好坐上了皇家的轿子，来到了紫禁城内。那个时候，慧安禅师已经120岁了。

武则天见这慧安禅师仙风道骨，银发飘飘，就好比天宫上的神仙，于是便询问慧安禅师的年龄。慧安禅师答曰：我已经不记得了。武则天不相信：一个人怎么可能会忘记自己的年龄呢？慧安禅师解释道：人从生下来就知道了会有死亡的那一天，就好比一个圆环一样，没有终点，也没有起点。光是记住这年龄又有什么用呢？更何况，心里已经注满了水，中间并没有多余的缝隙。看见那水泡起起伏伏，也都是心中的幻象而已。人，从刚开始的有意识到死亡，一直都是这个样子，还有什么年月可以记得呢？

武则天听了之后，心服口服，为了表达对慧安禅师的敬意，敕令赐紫袈裟一领，准度弟子14人，并引入宫中内道场供养。

是的，当一个人将年龄排除出自己的生命时，那么时间对他来说，也已经失去了原有的意义，或者这么说，他已经不再受到时间的控制。他不会为了时间的不断流失而伤春悲秋，也不会因为年龄的增长而抱怨烦闷。因为这些人已经忘记了时间，忘记了他们的年龄。

建安二十年正月，刘备因在益州之战中得到了大量的兵员补充，势力大增，因此刘备决定亲自率领部众向曹操汉中地区的防御要地定军山进攻，此时的黄忠已经成了刘备大军中的主力，这次战争中他所面临的敌军就是曹军在汉中地区的最高指挥官、曹魏的大将夏侯渊。

双方激战的过程中，刘备的军队对张郃防守的东围地区发动了猛烈的攻势，但是张郃因为战事不利，向夏侯渊进行了求援，夏侯渊立即从自己驻守的南围阵地上拨出了一半的兵力对张郃进行援助，没想到他的这一计划被刘备手下的两位著名谋士法正和黄权识破了，刘备大军立即调整了自己的进攻重点，开始转向夏侯渊的南围。早已蓄势待发的黄忠就在这时候大显身手了。

黄忠率领部下金鼓齐鸣、杀声震天，数万大军一齐从走马谷中冲出，向夏侯渊的军队发动了突然袭击。夏侯渊没想到自己会遭到突然袭击，毫无准备，最终被黄忠杀死。

战役结束后，刘备立即封他为征西将军。后来刘备在汉中称王，又封黄忠为后将军，从此，黄忠在刘备集团中真正地成了一员名将。

在三国中，黄忠亮相比较晚，成名也比较晚。尽管黄忠年轻时可能也有一点儿小名气，但确实是老了之后才出名的，尤其是定军山一战不仅使他自己扬名天下。黄忠属于一个比较典型的大器晚成的名人，不拘泥年龄，只为未来努力拼搏。

著名影星张曼玉，她的身上也总会流动出让人沉迷的气质，这种气质就源于她对生活的态度，源于这种年龄的积淀，她说："我现在每天的状态就是不睡觉，每天都在飞，不保养也不整容，我已经42岁了，我便按照42岁的状态生活，我能够坦然地面对这个事实，接受我这个年龄。"

是的，十几岁有十几岁的天真烂漫，二十几岁有二十几岁的活力四射，三十几岁有三十几岁的从容美丽，四十几岁有四十几岁的知性优雅，五十几岁则有五十几岁的安详睿智。所以说，不要让自己沉浸在年龄的恐惧中，因为你还有很多事情要做，年龄并不是最主要的问题。

成熟美要等到人过花甲之年，而智慧美则是人到了古稀之后。只有你拥有健康的心态，能够剔除心中晦暗的一面，对生活主动出击，为自己营造一个乐观并快乐的世界，那么年龄就不是个事儿了。就像英国著名哲学家罗素说的那样："我的时间并不多，我有很多事情要做，哪有时间去关注自己的年龄呢？"

有学者曾经说过，他们不知道，忘记年龄会让自己变得更年轻。要知道，年龄只是生命中的一个刻度，对人生起不了任何的决定性作用。不论你想不想它，怨不怨它，它都在哪里，每年按照一刻度地速度增长，与其这样，还不如将其抛在一边，让自己过得开心一点。

莱妮·里芬斯塔尔是一位充满了传奇色彩的人，她曾经被美国《时代周刊》评为 20 世纪最有影响力的 100 位艺术家，而她是其中唯一一位女性。莱妮·里芬斯塔尔从小喜欢表演，理想就是做一名演员。20 岁那一年，因为出色的长相与绝佳的演技，她被当时的纳粹党头目看中，成了战争中专用的宣传工具。

几年过后，德国战败，她也因为受到了牵连，被判入狱。刑满释放后，她依然想要回到自己热爱的演艺圈。可是，虽然她才华横溢、演技出众，但是因为她身上的污点，一些主流电影媒体总是对她敬而远之，因此，莱妮·里芬斯塔尔宝贵的青春年华就这样付之东流。

一转眼十多年过去了，她的身份依然被笼罩在刑满囚犯的阴影下，没有任何人敢起用她，更不敢收留她。一晃已经年近半百，她依旧孤独无依，形单影只。

50岁生日那一天，想起不幸的过去，她一个人在家里喝得不省人事。第二天，酒醒之后，她突然想通了："每天都是新的开始，我为什么要沉浸在过去的不幸中？我为什么不能给自己一个新希望呢？"于是，她做了一个令所有人都瞠目的决定：只身深入非洲原始部落，采写、拍摄独家新闻！

在此之后的两年时间里，她独自一人克服重重困难，顶住生理和心理的巨大压力，拍摄了很多努巴人生活的影集，这些照片，让她一度在美国的摄影界声名鹊起。

在68岁那年，她开始学习潜水，为了让自己的拍摄才华与神秘的海底世界融为一体。随后，她的作品集中增添了很多关于海洋生物的画面，这段海底拍摄生涯一直延伸到她百岁高龄。最后，她拍的一部时长45分钟的精美短片《水下世界》成了记录电影的一个里程碑，也为自己的艺术生涯画上了一个完美的句号。

莱妮·里芬斯塔尔此前半生失足、后半生瑰丽的人生给人们带来了启示：成功不会被过去所限制，只要明白"每一天都是新的开始"的道理，心怀希望，并且坚持不懈地努力奋斗着，那么你最终必然可以得到一个满意的结果。

生命是有限的，但希望是无限的，让无限的希望充满有限的生命，我们就能拥有一个生机盎然的人生。

不要找那么多借口

不管你是什么人，只要有坚定的决心，坚持不懈的努力，那么你浑身就会充满无穷的力量，你的视野也会随即变得更为开阔。

少为自己找借口，因为借口只会阻碍你成功。想要拥有成功，就坚持不懈地努力、努力、再努力，只有这样才能为未来找到出路。凡是成大事者。

每一个公司都有其与众不同的个性，并没有专门为你量身打造的公司。这样的话，对于大多数的人来说可能很难接受。因为有太多的人用太多的时间抱怨着公司的不利环境，并以此作为自己不善待工作的借口。这也可以理解，毕竟人往高处走，水往低处流。

与其等着环境来改变你，不如多想想自己如何做。客观的环境不是你能做主，说改变就能马上改变的，但改变自己却是当下可以做的事。无论你面临的环境如何的差，最重要的是努力奋斗，做好自己。

成功的人士都会用心地干自己的事业，无论什么条件都会努力干。别人认为是吃亏受累的事，他们却会努力干；当别人怨声载道时，他们也在努力干。因此，在做事时，不要太在乎名和利以及别人的想法，未来不可知，但是未来可以计划，可以构想，前提就是当下你所做的事情。

有一个年轻人，因为工作不如意。在两年之内居然换了十几家单位，最长的待过 4 个月，最短的才 5 天，频繁地跳槽使他自己都有点无法忍受了。他觉得，并不是自己不想好好干，而是公司太差劲。有的是环境太差，有的是工资太低，还有的是老员工盛气凌人，这些都让他接受不了。

年轻人的处境不难理解，无论在哪个单位都拿着放大镜去找毛病，这样下去，肯定不会找到安身之处。然而那些不挑剔环境、主动去适应环境，努力工作，时刻想着如何才能做到更好的人，不管到哪里都能轻松地找到自己的工作。

稻盛和夫在这方面就做得很好，他从最初的技术人员转变为赫赫有名的企业家。1932 年，稻盛和夫出生于日本鹿儿岛，在鹿儿岛大学工学部毕业后，他来到了"松风工业"做研究员，公司的条件非常差，经营也不是很景气，经常发生工人罢工事件。一般人在这样的环境中往往会消极做事，看不到希望。但稻盛和夫却不这样，他不仅每天努力工作，而且还经常性地主动加班。

当时有很多不能理解他的人，有人劝他，也有人骂他，面对如此恶劣的环境，一般人可能会放弃最初的坚持。然而稻盛和夫却一点也不放在心上，在那种情况下，他研发出了一种含有镁橄榄石的新型陶瓷材料，这种材料在世界上属于首创。

稻盛和夫研发出材料真的是很困难的事情，当时的"松风工业"只是个小公司，而有着一流技术和研究设备的美国 GE 公司，在这一领域上已经遥遥领先。无论是技术还是实力，"松风工业"根本没法跟 GE 公司比。如果是别人，在面对这样的环境时，可能会找借口另谋他职，即使要研究，也会提出要求，让公司配备相应的先进设备。但稻盛和夫，他没有提出任何的要求，而是努力工作，一心钻研，最终研发出了可以和美国 GE 公司媲美的新材料。后来，"松风工业"也发展得越来越好，稻盛和夫也坐上了特瓷课的主任位置。正因为他对于未来做好了充足的准备，坚持不懈地努力着，才促使他不断向前发展，最后成了日本高科技时代的著名领袖人物。

如果你改变不了环境，那你一定要有努力工作的心态。当你改变了心态，那么，你的事业也会得到相应的发展。没有人愿意承认自己不够聪明。但在工作中，却又时常听到这样一种声音："我已经很努力了，可还是没有做好。"原因何在？

这句话的真正意思是："我不够聪明，事情没做好是情有可原的。"有了这样的借口，就会心安理得地允许自己慢进步，甚至不进步，允许自己遇到问题不去动脑筋，出了差错也不去反省。坚持这样做，会造成什么样的后果呢？自甘堕落。而努力工作，积极为自己未来寻找出路的人，却会在未知中获得一举成名的机会。

草根演员王宝强，出生于河北农村。自从电影《天下无贼》上映后，他就成了家喻户晓的电影明星。他是怎样取得事业的成就呢？

王宝强成名前，是一个普通农民，没有接受过任何影视方面的正规训练，凭着纯朴善良、忠厚老实的性格，坚持不懈的努力，在影视界取得了不错的成绩。

电影《巴士警探》让王宝强第一次接触了武打戏，主要任务是帮男主角做替身。通常，在动作片中做替身是相当危险的。王宝强需要做的就是从一架非常高（两米左右）的防火梯上直接摔下来，落到极其坚硬的水泥地上。这样的动作实在太危险了，光是想想，我们都会浑身发抖。

想找借口，可以找出千万个借口。王宝强却不这么想，既然答应当人家的替身，就必须努力做到最好。接着，他上了片场，第一次摔下来，导演不满意，说动作不到位。又摔了第二次，还是没有过关，这时的王宝强已经浑身疼痛。到了第三次，第四次……不知摔了多少次，导演终于喊了一声"过了"。做完了这些，王宝强趴在地上已经不能动弹了。

他的替身经历，让很多武术指导感慨万分。别人都是假摔，只有王宝强真摔。当然，这样更能拍出真实的效果。

自此以后，王宝强的名声大振，很多导演都知道他做替身非常认真。他的活儿就一个接着一个，从替身到配角再到主角，一步步走向了事业的辉煌。

当你竭尽所能、拼尽一切去做一件事时，你就会变得无比强大。说得更确切点儿，你就会战胜所有的人。

王宝强是一个做事非常认真、刻苦的人，论学历、文化程度，他是不高；论表演经验，他没有受过任何的专业训练。努力、不找借口是他对工作的原则，他也是坚持着这种精神让自己走到了成功的彼岸。

因此，无论你做什么事都不要去找借口，找借口只能让你寸步难行，你要明白，努力是你唯一的出路。唯有坚持不懈的努力，你才能有更好的出路，更美好的未来。

没有什么来不及，现在才是最好的开始

只有当你采取快速高效的行动之后，才能够在残酷的竞争中拥有自己的一席之地。

比尔·盖茨说过："当你想做什么事情的时候，现在马上就去做！"

的确，每个人有很多事情要做，都有不同的目标和理想要去实现，可是很多人都抱着理想和憧憬度日，而没有什么实际的行动。这样成功又从何而来呢？

对于成功者来说，仅仅拥有目标是远远不够的，就算你将一切都准备就绪，无论在知识与技巧、态度与能力方面都无可挑剔，可是如果一直没有采取现实的行动，那么一切美好的愿望都只是梦中的海市蜃楼。

作为新世纪的青少年，正处于经济飞速发展的年代，因此要懂得"不进则退，慢进也是退"的道理。只有当你采取快速高效的行动之后，才能够在残酷的竞争中拥有自己的一席之地，否则许多机会只能从你的身边一逝而过。

艾琳娜在大学的艺术团里担任一个很重要的角色，不过她并没有满足于此，而是希望在大学毕业后，去欧洲旅游一年，然后再去纽约百老汇打拼。

当艾琳娜将自己的梦想告诉自己的导师时，导师微笑着问她："为什么一定要等到大学毕业再去百老汇呢？"

　　"对啊，大学生活好像并不能帮助我争取到去百老汇工作的机会。"艾琳娜想了想回答说，"我还是一年以后就直接去百老汇吧！"

　　这时候，导师又问她："你现在就出发去百老汇，与你一年以后再去，有什么不同吗？"

　　艾琳娜安静地想了一会儿，对老师说："好像没有什么不同。那我下学期就出发吧！"

　　导师依然紧追不舍地问道："你下学期出发，和现在就出发，有什么不一样吗？"

　　艾琳娜有些头晕了，她脑海中全是那双美丽转动的红舞鞋以及那个金碧辉煌的舞台……她下定决心，下个月就出发，前往百老汇打拼。

　　导师乘胜追击地问她："你下个月出发和现在出发，有什么不同？"

　　艾琳娜开始激动起来，声音有点颤抖地说道："好吧，给我一周的时间准备一下，我下个周末就出发！"

　　"在百老汇什么生活用品买不到？"导师还步步紧逼。

　　"那我就明天出发吧！"艾琳娜激动得跳了起来。导师这才满意地点了点头，说道："很好，我已经给你预订好明天的机票了，祝你好运，孩子！"

　　第二天，艾琳娜就前往了自己心中的理想胜地——美国百老汇。

　　在我们生活的世界上，有一个绝对的真理是青少年朋友应该明白的，那就是——无论你想做任何事情，永远不要等所有的条件都成熟了才开始着手行动，否则你将永远处于等待之中！

　　当青少年朋友有了自己的目标，就应该马上采取行动，从现在开始着手。如果只知道纸上谈兵，那么目标永远都是遥不可及的梦。

再看看我们身边那些成功的人，他们多半都是雷厉风行的行动家，想到了什么，立即就去做。这是一种习惯，是成功者必备的一种态度，也是一种积极处世的态度。

著名文学家爱默生曾经说过："一心向着自己的目标前进，行动起来的人，整个世界都给他让路。"

因此，青少年朋友一定要学会立即行动，不要抱着无数的空想，也没有什么来不及的，因为现在才是最好的开始。

不论多么远大的目标，只要采取了行动，就已经踏出了成功的第一步，而这一步往往也是最重要的。你可以在每天早晨睁开眼睛的时候，就立即行动起来，对于学习与生活中的第一件事情，也要立即去做。这样你会渐渐发现，立即行动也会给你带来充实与满足。如果这样坚持两个星期，那么你就能养成立即行动的好习惯了。

总之，无论你现在的境况如何，只要以积极的心态去面对，只要立刻采取行动，那么成功就是属于你的！

在学习与竞争中，效率等于一切

无论是在紧张的学习之中，还是忙碌的工作之中，效率都是让你领先于他人的重要砝码。

我曾经见过不少这样的人，他们每天都将大把的时间花在学习上，可是却顾此失彼，没有一点效率。

当今社会发展之快，让所有的人都无所适从，因此无论在学习还是在以后的工作中，只有那些讲究效率的人才能脱颖而出，成为新时代的佼佼者。

虽然从小我们就明白"金无足赤，人无完人"的道理，可是如果在学习与日后的工作中没有任何效率可言，那么被社会所淘汰也是一种必然！

著名企业家杰克·维尔奇曾经说过："在社会的竞争中，效率是不可缺少的要素，它可以使公司与员工时刻处于最佳状态，使你入迷。"

为了提高学习与工作的效率，许多人都试图延长自己花费在学习与工作上的时间，从而获取更多的知识，做出更好的工作。只是，学习与工作并不是固体，而像是一种气体，它会自己膨胀起来，并且将多余的时间全部填满。因此，要注意的并不是延长时间的问题，而是如何提高自己的效率。

在上企业管理课的时候，教授经常会要求学生分组做报告。

对于学生来说，分组做报告可以锻炼他们团结协作的能力，同时也可以增加几个人之间以及几个小组之间的竞争力。

为了保证自己不拖团队的后腿，就必须得提高自己的效率。

在所有同学看来，巴里特是一个极度追求完美和效率的人，谁都不愿意和他分在一个报告小组。而那些和巴里特分到一组的同学，只能硬着头皮开始痛苦的合作过程。

只要是同学做出来的东西，巴里特总会挑出一大堆毛病，有时候还将同学的课题"加工"一番。

刚开始的时候，小组成员都对他感到不满，后来渐渐对他"挑毛病"的习惯见怪不怪了，甚至有些同学干脆就不做，把自己的那份留给巴里特去做。

巴里特当然也不是傻瓜，他可不想把自己的精力浪费在别人的课题里。于是他想了一个办法，将小组成员交给他的任务弃之不顾，等到要做口头报告的前三天，才告诉大家自己因为感冒而耽搁了。

这下可把众人急坏了，几个人只能一起来赶，用了两天两夜的时间，总算把报告完成了。

巴里特对于小组成员的"高效率"表示出赞许，他点了点头说："其实你们也可以很有效率，而且做出来的东西也不差啊！"

这时候，众人才明白他心里打的小算盘。不过更多的还是反思自己的不足了。

有一位著名的时间管理专业人士曾说过："如果学习是无头绪并且盲目的，那么效率往往会低得可怕！"

有很多年轻人不讲究效率，时常上演"消防员"的故事。

他们经常把有限的时间用去"救火"，完全分不清什么是要紧的事，什么是重要的事。

他们大多数时间都在处理危机，四处救火，最后弄得自己身心疲惫，该做的事情却没有做好。

他们把大部分时间都用来处理那些细枝末节的小事情，等他们真心着手去处理那些大问题的时候，却已经错过了最佳时机。

他们就是如此日复一日地恶性循环下去，时间花掉了一大把，效率却没有见到。

作为年轻人，自然应该想方设法合理利用自己的时间，让学习更有效率一些。因为当今竞争如此激烈的社会中，效率就是一切！

如何提高自己的效率呢？

1. 适当减少你的学习时间。如果枯燥的学习已经让你感到厌烦，那么你可以尝试着减少你的学习时间，先让自己放松下来，当再次学习的时候就会见到很好的效果。

2. 把握每天的最佳学习时间。心理学家研究发现，人在上午8点、下午2点和晚上8点的时候，精神状态是最好的，并且每持续两个小时会有一次回落。如果你能够把握这个规律，合理安排，那么学习效率一定会得到提升的。

3. 保证一定的"喘息"时间。无论你的学习任务有多重，都不要忘了给你自己留一点"喘息"的时间，比如在阅读或者写作一段时间之后，就应该停下来休息片刻。

永远不要把今日之事拖延到明日

只知道等待明天的人，永远也无法将今天握在手里。因为你所等待的明天能够给予你的只有死亡和坟墓。

意大利著名的无线电工程师马可尼曾经说过："成功的秘诀就是要养成迅速行动的好习惯！"

不要将今日之事拖延到明日。这也就是我们经常会听到的"今日事，今日毕"，不过在现实生活中能够真正做到这一点的人又有多少呢？

一些人是这样的，他们总是在有意无意间把今天应该完成的事情，拖延到了第二天，等到了第二天又发现手上的事情多了不少，于是只能将第二天的事情拖延到第三天……如此类推，好像手里的事情总也忙不完，又好像自己什么事也没做好。

这样的人往往心烦气躁，可是又没有什么很好的解决办法，于是只能抱怨自己的时间太少了，根本没有意识到是自己的拖延造成了这样的结果。

其实也不只是年轻人，许多中年人也经常会抱怨："如果当时能够那样做，也许今天就不是这个样子了。"或者"如果那一年我开始着手做生意，现在早就变成富翁了。"任何机会都不可能等你太久，如果你只知道拖延，也许永远都在抱怨之中；如果你现在就开始行动，那么未来就会有无限的可能！

时间是最应该被珍惜的东西。成功人士通常会将时间看成是成功的第一基础，认为世界上最不幸的事情就是失去时间，因此他们做事讲究立刻行动，绝不拖延。

在一次行动研习会上，教授决定和学生一起做一个有趣的活动。

教授从自己的口袋里掏出100元钱，然后对台下的学生说："现在我们来玩一个有趣的游戏，并提示大家必须有所投入，并且立刻采取行动。那么，你们谁愿意用50元来换这张100元的呢？"

教授在讲台上重复了好几次，可是台下的学生没有一个有所行动，都不敢上台去换那张100元的钞票。

教授等了好久，终于有一个学生怯生生地走上讲台，用一种怀疑的眼光看着教授以及教授手里的100元钞票，不敢贸然行动。

这时候，教授提醒他说："还在犹豫什么呢？"

那名学生这才采取了行动，用50元的钞票换走了教授手里的100元。

最后，教授总结说道："如果你希望自己的人生获得与众不同的成功，那么就要马上行动起来，立刻踏出你的第一步！"

青少年朋友总是充满理想与憧憬的，可是有的人却不能马上付诸行动，或者将所有的计划不断延迟，最终使得自己的理想、计划和憧憬都毁于一旦。

诗人约翰·弥尔顿曾写下这样一句诗："一直站立等待的人，也将有所收获。"这句诗似乎很有哲理性，可是却值得我们反思。如果不采取积极的行动，收获与成功又如何而来呢？真正的成功肯定不会像顽皮的小袋鼠一样，自己跳进你的口袋里，它通常属于那些长期艰苦学习与工作的人。

总之，青少年朋友永远不要拖延，而应该告诉全世界，你是多么优秀的人，并且通过实际行动，从现在开始努力，一步一步走向成功的彼岸。

一位企业家在谈到自己的成功经验时，只用了四个简单的字："现在就做！"

然而，生活中很多人总是喜欢等待和拖延，总是习惯在自己认为合适的时间再开始着手行动。不过，时间并不会因为你的等待而慢下脚步，拖延只会让成功离你越来越遥远。

那么，我们应该如何去克服拖延的坏习惯呢？

1.将一些大的任务分成若干个小的任务，并且将它们排序，列出每个任务完成的先后顺序。

2.制定一个截止期限，不管任务的大与小，都必须在这个期限内完成。

3.要分清轻重缓急，如果为了完成一项特别重要的任务，而让一些不重要的任务延迟或者推后，这样并不是真正的拖延。

4.每完成一项任务都要给自己一定的奖励，这种奖励并非物质上的，而是精神上的，比如你可以抽出一些时间做自己喜欢的事情。

做就是对的，不做就永远是错的

在现代社会中，很少有事情是做不成的，即使做不成，也不是条件不允许，而是你的行动不够！要知道，世上没有难事，只要你行动了，迟早会将事情给解决；如果不去做，那么不管什么事情，都会难得犹如登天一般。所以，想要成功也是一件非常容易的事情，那就是立即行动，马上着手去做。

有一个人，在他的一生当中，曾经先后两次遭遇过非常惨痛的意外事故。第一次不幸发生在他46岁那一年。由于飞机发生意外事故，烧坏了他身上65%以上的皮肤。在经历了16次的手术之后，他的脸由于植皮而彻底变成了一个大花脸。他失去了手指，两条腿也变得十分细小，而且没有办法自由行动，只能够坐在轮椅上面。然而，令人没有想到的是，6个月之后，他再一次亲自驾着一架飞机飞上了蔚蓝的天空！

4年之后，灾难再一次发生在他的身上，由他负责驾驶的飞机在起飞的时候，忽然摔回了跑道，而他身体中的12块脊椎骨全都被压成了粉末状，导致腰部以下永久瘫痪。

然而，他没有将这些灾难，作为自己一蹶不振的理由，他说道："我瘫痪之前可以做1万件事，现在我只能做9000件，我可以把注意力放在我无法再做好的1000件事上，或是把目光放在我还能做的9000件事上。告诉大家，我的人生曾遭受过两次重大的挫折，如果我能选择不把挫折当成放弃努力的借口，那么，或许你们可以用一个新的角度来看待一些一直让你们裹足不前的经历。你可以退一步，想开一点，然后你就有机会说：'或许那也没什么大不了的！'"

这位生活中的强者的名字叫作"米契尔"。正是由于他永不放弃的决心，坚持不懈的努力，最终，他成了一位非常著名的企业家与一位受人们欢迎的公众演说家，而且他还成功地立足于政坛。

由此可以看出，在相同的环境中，相同的条件下，不同的人，就会产生不一样的结果。其实，事情并没有那么复杂，只要你敢于去尝试，这个世界上就没有难事了。一位名人曾经说过这样一句话："做，就是对的！不做就永远是错的！"的确，当你去做了的时候，你最终不一定会取得成功。可是，如果你不去做的话，那么就不可能会取得成功。一个对生活充满热忱的人，只要想做某件事情，就会立即行动，而不是到处询问应当如何做，更不会为自己没有做寻找各种各样的借口。

从表面上看，米契尔的故事似乎是匪夷所思的，可是，在现实生活中，有很多事情都是如此。只要你尝试着去做了，那么你就会发现，原来事情也没有那么复杂！

亚历山大大帝在向亚细亚进军之前，碰巧从非常著名的朱庇特神庙路过。关于这个朱庇特神庙，流传着一个十分有名的的预言。这个预言的具体内容是：谁打开了朱庇特神庙中的那一串非常复杂的绳结，谁就可以成为亚细亚的帝王。在亚历山大大帝来这座神庙之前，不少国家的国王与智者都曾来看过，但是他们都感觉这个绳结太难了，都没有敢下手就放弃了。因为亚历山大大帝的军队将要出发了，能不能将这个非常神秘的绳结给打开，对于军队的整体士气有着相当大的影响。

于是，亚历山大大帝决心将这个绳结打开。亚历山大大帝在非常仔细对这个绳结进行了观察之后，发现这个绳结的确是天衣无缝，找不到一丝漏洞。这个时候，他的脑袋中突然灵光一闪："既然在这之前没有人能够将其解开，那么我为何不能通过自己的行动将这个绳结解开呢？"于是，他将自己的宝剑拔了出来，用力一挥，就将这个绳结劈成了两半。就这样，这个困惑了人们几百年的难题被亚历山大大帝另辟蹊径地解决了。亚历山大大帝也因为这个原因在做了亚细亚的帝王之后，每个人都对他是心服口服的。

亚历山大大帝没有因循守旧，敢于付诸实际行动，充分地展现了其超凡的勇气与智慧，从而促使他完成了亚细亚帝王的宏伟事业。由此可见，即便你所遇到的那个难题再棘手，只要你勇于行动，那么它就会变得不堪一击。

世间万事，"做"就会变得容易，"不做"就会变得很难。目标虽然有困难与容易之分，但是只要你敢于行动，那么不管多么困难的事情都会变得十分容易。如果你不去做的话，那么容易的事情也会变得非常困难。只要你肯付诸行动，你就会发现，其实事情没有你想的那么难！

第七章

破釜沉舟，背水一战

　　"我们不是英雄，只是朝生暮死"的众生。当苦难袭来，我们其实不勇敢，其实很害怕。只是无法逃避，现实给出的选择只有一个，那就是没得选择。只能用柔弱的身心默默地去承受。

不能再退，再退就是地狱的入口

你是否听过这样的事：某某因为公司赔了钱，不得已变卖了最后的一点产业做了一个风险很大的投资，哪知却一举成功，咸鱼翻身了。某某因为被老板炒了鱿鱼，丢了份令人羡慕的好工作，不得已下海做了生意，谁知却就此风生水起，发了大财。某某因为一份创意书通宵达旦，但总是没有灵感，谁知到了早上就要开会的时候，却突然思如泉涌，顺利过了关。

当人们的背后是万丈深渊，无路可走的时候，通常可以爆发出超过平时三倍的实力，这种"实力"包含了力量的提升、思维更加敏捷、行动更加进取、性格往好的方向转变等。

很多人在做事的时候往往习惯给自己留一条退路，以防遭遇困难时会陷入绝境。这种两手准备的做法看似谨慎，其实并不可取。因为人总是喜欢贪图安逸，当清楚地知道自己还有退路时，勇往直前的劲头就会随之减弱，原本能使出 100% 的力量现在却只能使出 80% 了。所以，给自己留退路的人是很难取得实质性进步的。

创业阶段的人最怕说这样一句话：如果不行，还可以再用另一种办法，没关系，不会太糟糕。是的，不会太糟糕的选择通常也不会太好。破釜沉舟的军队，就有可能决战制胜。同样，一个人无论做什么事情，务必要抱着绝无退路的决心，勇往直前，遇到任何困难、障碍都不能退缩。如果立志不坚，时时准备知难而退，那就绝不会有成功的希望。

古希腊有个著名的演说家，名叫戴摩西尼。他还不出名的时候，为了提高自己的演说能力，常常会躲在一个地下室里练习口才。但独自练习的时间是寂寞的，这让他时不时就想出去溜达溜达，心总也静不下来，练习的效果很差。为了强制自己专心练习，他挥动剪刀把自己的头发剃去一半，变成一个怪模怪样的"阴阳头"。这样一来，因为头发羞于见人，他只得彻底打消了出去玩的念头，一心一意地练口才。这样，一连数月他足不出户，演讲水平突飞猛进。经过一番刻苦的努力，戴摩西尼最终成了世界闻名的大演说家。

当你挥动剪刀的时候，你就已经决定让自己和世界绝缘、大干一场了。人有时候就需要一点强制，就如同那些古时上山求仙的人一样，用一根绳子攀上绝壁，之后再挥剑将其砍断，没吃没喝，以表达自己修仙的决心。

一个人要想干好一件事，成就一番伟业，就必须心无旁骛、全神贯注地去努力，持之以恒、锲而不舍地追逐既定的目标。但是要做到这一点实在不容易，一些人常常战胜不了身心的倦怠，抵御不住世俗的诱惑，因此半途而废，功亏一篑。这时，就要像戴摩西尼那样用强制的方法严格要求自己，不给自己留退路，唯其如此，才能走向成功。

布鲁斯出生在美国的一个十分贫穷的家庭，尽管如此，他却是一个坚持不懈、勇于奋斗的人。

年轻时布鲁斯一直给别人打工，但他挣的钱连养家糊口都不够。于是，他说服妻子，冒着流落街头的风险卖掉家里的房子，凑足3000美元，开了一家机电工程行。几年后，虽然他的公司逐渐壮大，但还是家小企业。

布鲁斯希望公司有更好的业绩，他决定让公司上市，利用社会资金。但华尔街一些有实力的股票承销商都对小公司不感兴趣。布鲁斯要想让那些承销商接受自己的公司实在太难了，但他没有被困难打倒，继续为公司能够上市做着自己的努力。

当布鲁斯办妥成立股份公司的一切法律手续后，还是没有一家证券商愿意承销他的股票，他一下子陷入进退两难的境地，但布鲁斯并没有放弃努力。他决心孤注一掷，自己发行股票，跟华尔街的传统观念搏一把。说干就干，他请朋友们帮他到处散发印有招股说明书的传单。

在华尔街的历史上，还没有过撇开承销商而自行发行股票的先例。行家们都断言布鲁斯必然以笑话收场。而就布鲁斯本人来说，他已是骑在虎背上，不得不硬着头皮走下去，因为他根本没有给自己留退路。

布鲁斯和他的朋友们，从一个城市到另一个城市，起劲推销股票。他的离经叛道之举使他在华尔街名声大噪，人们抱着敬佩、赞赏、好奇、尝试的心理，踊跃购买他的股票，短时间内便卖出 40 万股，筹得 100 万美元。

获得资金后，布鲁斯如虎添翼。他奇迹般地兼并了多家大公司，创造了一个全美家喻户晓的现代股市神话。

退路是不让自己跌倒谷底的保障，却也是令人难以飞跃的屏障。很多时候，如果我们斩断自己掉头的想法，那么就只有义无反顾，拿出 200% 的精力去与命运抗争。

一位老教授和他的两个得意弟子，欲进入 S 溶洞考察。S 溶洞在当地人们的眼里是一个魔洞，一年四季洞口总是雾气沼沼的；曾经也有胆大的乡下人进去过，但都是一去不复返。

在进洞的那一天，数百名群众赶来给他们摆酒饯行，场面颇有些悲壮。他们带上充足的食品和水，当然还有一些必备的探险工具。走进漆黑的溶洞，他们借着手电筒的光线，一边前行，一边采集一些石样作为以后研究的资料。

当随手携带的计时器显示着他们已经在漆黑的溶洞里走过了 14 个小时零 32 分钟的时候，三人的眼睛陡然一亮，一个有半个足球场大小的水晶岩洞呈现在他们的面前。他们兴奋地甚至有些疯狂地奔了过去，尽情欣赏、抚摸着那些散发迷人光彩的水晶石。待激动的心情平静下来之后，其中那个负责刻路标的弟子忽然惊叫起来：老师！刚才我忘记刻箭头了！！他们再仔细看时，四周竟有上千个大小各异的洞口。那些洞口就像迷宫一样，洞洞相连；他们转了很久，始终没找到退路。

这时候，他的那两个弟子都跌坐在地上，失望地对老教授说："不行了！这么多的洞口，我们就是再转上半年也转不出去啊！"老教授在洞口前默默地搜寻着，蓦然，他惊喜地喊道：在这儿有一个标志！！他的那两个学生"噌"地从地上弹了起来。

果然，在一个洞口旁隐隐能看出，有一个用石灰石画的箭头；他俩认为这一定是前人留下的，便决定顺着标志的方向走。老教授一直镇静地走在他俩的前头，每经过一个洞口时，两个弟子就会忙着寻找前人留下的路标。然而，每一次都是老教授发现的。

终于，他们的眼睛被强烈的阳光刺疼了，这就意味着他们已经成功地走出了魔洞。那两个弟子竟然像孩子似的躺在洞口旁的土地上，掩面哭泣起来，而后激动地对老教授说："如果没有那位前人，我们也许永远走不出魔洞了。"而此时，老教授却拭了拭眼角，缓缓地从衣兜里掏出一块被磨去半截的石灰石，递到他俩面前，意味深长地说："在没有退路可言的时候，我们只有相信自己，拿出自己的执著与勇气，拿出自己决不气馁的决心，这样，我们就没有时间和机会怨天尤人、自暴自弃，只有义无反顾地走下去。"

没有谁的人生是一帆风顺的，因为上帝会分派很多难关作为你提升的关卡，一个人能否取得事业上的辉煌。能够取得多大的成就，完全取决于你能越过多少关卡，战胜多少困难。而一个胸怀大志之人，一个想要驾驭命运的人，就应该立即断绝所有的退路。

有志者，事竟成，破釜沉舟，百二秦关终属楚；苦心人，天不负，卧薪尝胆，三千越甲可吞吴。无数的先辈用血和成功告诉我们：一个奋斗者是不需要退路的。因为他没有时间去瞻前顾后，没有机会去左顾右盼，他只有向前再向前，用全部的精力去排除万难，直至功成。

收起你怯懦的样子

2008 年的金融风暴不知道倾覆了多少人一辈子的心血，无数的工厂倒闭，经济倒退，甚至银行和全球瞩目的影视公司也关门大吉。正因为如此，在那段时间国外的报纸上总是会有某某企业家公司清盘跳楼、某某董事会成员服毒自杀等新闻，有着同样感触的人唏嘘不已，但带给大家更多的只是茶余饭后的消遣与嘲笑。没错，面对失败，面对逆境，你胆怯了、卑微了、放弃了，那么你不仅退出了人生的舞台，还会就此成为别人的笑柄。

普拉格曼是美国当代著名的小说家，他学历不高，甚至还没念完高中。在他的长篇小说获奖典礼上，有位记者问道：你毕生成功最关键的转折点在何时何地？

普拉格曼认为第二次世界大战期间在海军服役的那段生活，是他人生受正式教育的开端。他回忆说：

1944 年 8 月的一天午夜。因为两天前他在战役中受伤，双腿暂时瘫痪了所以为了挽救他的生命和双腿，舰长下令由一名海军下士驾一艘小船，趁着夜色把他送上岸去战地医院医治。

不幸，小船在那不勒斯海湾中迷失了方向，那名掌舵的下士惊慌失措，这时船边又游来几只鲨鱼，它们就像荒原上的野狼一样，对着船上的两个人。几个小时过去了，他们无数次挥舞着船桨打退鲨鱼，而鲨鱼却又一次次扑上来，尽管是重复着近乎机械地驱赶动作，普拉格曼却似乎越战越勇。但那名下士就不一样了，他越来越感到体力不支，差点要拔枪自杀。普拉格曼镇定地劝告他说："你别开枪，我有一种神秘的预感，虽然我们在危机四伏的黑暗中飘荡了4个多小时，孤立无援，而且我还在淌血。不过我认为即使失败也不能堕入绝望的深渊。就算是到了绝境，我们也不能放弃。"没等他把话说完，突然前方岸上射向敌机的高射炮的爆炸火光闪亮了起来，原来他们的小船离码头还不到三海里。

脱险之后，普拉格曼在回忆中这样写道：

"自从那夜之后，此番经历一直留在我的心中。这个戏剧性事件竟包容了对生活真谛认识的整个态度。因为我有不可征服的信心，坚忍不拔，绝不失望。即使在最黑暗最危险的时刻，我相信命运还是能把我召向一个陌生而又神秘的目的地……"

你会比普拉格曼还深切地感受到绝望与无助吗？如果他选择了放弃，那么就是成为鲨鱼的一顿晚餐，但在危急关头，他选择了再搏一下，于是成就了今天的小说家。

诚然，每个人都渴望有朝一日能飞黄腾达。但是他们很矛盾，只是把希望寄托于一些不切实际的幻想上，只是一味地做"白日梦"，而不敢去行动，怕碰壁、怕失败，这样怯懦、胆小，又怎能成功？惟有唤醒自己积极主动的能量，勇敢去闯，才有成功的希望。

有人曾做过这样一个小试验：把一只跳蚤放进一个玻璃杯里，跳蚤很容易就跳了出来。再放进去，跳蚤还是轻而易举地跳了出来。小小的一只跳蚤可以跳到身体的400倍左右的高度，堪称动物界的跳高冠军。所以，这点高度对它来说，并非难事。

接下来，实验者对这个实验稍加改造。他再次把这只跳蚤放进了杯子里，不过这次是把跳蚤放进去后，就马上在杯子上盖上一个玻璃盖。当跳蚤试图跳出来时，"嘣"的一声，跳蚤重重地撞在了玻璃盖上。但是，它没有停下来，而是继续尝试跳跃。一次次失败，跳蚤开始变得聪明起来，它开始调整自己所跳的高度。不久，它就能在盖子下面自由地跳动，而不再撞到玻璃盖。

过了两天后，实验者把玻璃盖轻轻拿掉了，可是跳蚤还是在原来的那个高度继续地跳着。四天后，这只可怜的跳蚤还在这个玻璃杯里不停地跳着，它已经无法跳出这个玻璃杯了。

许多人在听过这个故事之后，会嘲笑跳蚤，觉得它太愚蠢了。可是，仔细想想，从这只跳蚤的身上是不是也能看到自己的影子？

很多人年轻时，曾意气风发，勇于进取，要干一番事业，于是憋足了劲，向着心中的理想和成功的方向努力不止。但成功绝非轻而易举的事，自己屡屡碰壁，总是失败。

这样经历几次失败后，他们不是开始抱怨这个世界不公平，就是怀疑自己的能力，害怕面对自己。他们不再努力去追求成功，而是甘愿忍受失败者的生活，做个懦夫。他们宁可别人说自己胆小怯懦，也不再愿意走出去追求成功的人生。从此人生便如同陷入泥沙，开始渐渐沉沦。

怎样能同这种人生说再见？那就要收起怯懦的样子，唤醒积极的自我，摆脱掉这种怯懦的思维，对自己有一个客观的了解。必须诚实地面对自己，不逃避，问问自己的内心到底要做什么，想成为什么样的人。尽管每个人对事业的追求都不一样，但是这不妨碍你找到最适合自己的方向，坚持不懈地去开创未来。

成功人士大都是无畏的，从他们的身上看不到胆怯和懦弱。或许他们也有脆弱的一面，但是他们绝对不会让别人看到。他们会勇于坚持和引导自己的事业向有利的方向发展，向别人传递自己的信念并以此为行动指南，哪怕别人不同意，他们也绝不会人云亦云，有所退让。也正因此，他们的奋斗更见成效。

战国时代，赵武灵王赵雍是一个颇有作为的政治改革家和军事家，他顶着"易古之道，逆人之心"的骂名进行了著名的"胡服骑射"的改革。

在改革之前的19年间，赵国先后被秦、魏攻伐战败6次，损兵折将，忍辱削地，甚至北方的一些胡人部落也经常对赵国进行掠夺。

赵雍没有灰心放弃，也没有胆怯，而是积极地想对策。在同胡人部落的屡次交战中，他深感中原传统战车的笨重难行，同时也看到"胡服骑射"的优越性。于是，他提出打破中原传统的衣冠制度和兵制，效仿北方游牧民族军事上轻骑远射、机动灵活的战略战术并且提倡穿紧身的胡服。

赵雍的这些改革方案遭到一些老臣的强烈反对，这些老臣们认为，扔掉象征着威武的庞大战车，穿上异邦小族的衣服，是在给老祖宗丢脸。反对声一浪高过一浪，赵雍没有妥协。为了使赵国强大，面对祖宗的规矩和世俗的偏见，面对千百年来的传统习惯，赵雍不怕得罪那些德高望重的老臣，毅然坚持改革。

在公元前307年，赵雍下令举国上下都要穿胡服，习骑射，并且自己带头穿起胡人的服装。

后来，赵国军队的战斗力得到了空前的提高，不但打败了过去经常侵扰赵国的中山国，而且还向北方开辟了上千里的疆域，成为战国七雄。

由此可见，如果没有赵雍的直面失败，率先改革，赵国一定不会有后来的强盛。他的自信让自己和国家都产生了强大的力量，将软弱和胆怯丢到了九霄云外。

《羊皮卷》的作者马丁·科尔说："对于你的梦想能否实现，真正有影响的观点是你自己的观点。其他人的消极想法只是反映了他们自身相对于事情的局限性，而不是你的局限性。"即使所有的人都认为你的做法是一种冒险，但是只要你是经过了严谨的思考，细致的研究，敢于去冒险，才会有新的景象出现。

成功不足惧，失败更不足惧。成功只不过是爬起来比倒下去多一次而已。如果因为担心而迟迟不肯跨出第一步，那样将永远无法成功。

摆脱怯懦，收起你怯懦的样子，唤醒自己心中那颗积极向上的种子，让它带你发挥出自身最大的潜能，直到攀登上成功的高峰。

打不赢也绝不做逃兵

　　李宁品牌的广告上有很多经典的台词，其中最让人难忘的一句台词莫过于"一切皆有可能"。人生有太多的不可能。可是，打不赢也要打，爬起来还要战，面对不可能，不能后退，即使打不赢也绝不做逃兵。这样下去，有时还真有可能将"不可能"变成"可能"。

　　有一位篮球教练，当医生告诉他，他患的是白血病的时候，他的表情是少有的镇定。

　　但是，接下来他说的话却令人费解："那么，这就是一场打不赢的战争了。"

　　"白血病虽是重症，却非不治之症，对于你这个年纪的人来说，化疗是一个好方法，况且你是运动员，身体本钱雄厚……"医生像往常一样开导患者。

　　"明知打不赢，也要打一打。"篮球教练并没有理会医生的话，而是自顾自地说着。

　　他努力地配合治疗，一切都很顺利。但是，有一次在抽血中，医生再次发现了白血病的芽细胞。他知道以后没有露出失望难过的表情，而是若有所思地抬起头来问医生："你认识周悦然吗？"医生仅仅是知道"周悦然"是一个篮球明星的名字。

　　"他是我的学生。"这位教练精神抖擞地说，"带他打球是一种享受，他可以完美地执行教练的任何战术。和他相处三天，我就知道，他一定会当选最佳选手。至于他会一直进步到什么程度，我也很想知道。"

医生偷偷看了看表，因为有些老师回忆起学生会说个没完没了，他希望这位教练能够适可而止。

"那一届决赛我们遇上了大安高中，大安是所有人心目中的冠军，队中有好几人是亚青杯优秀选手。包括我在内，所有的人都不认为我们有机会晋级。我让孩子们放手自由发挥，要他们打一场快乐的球，结果在上半场结束的时候，比分是40:37。"

"一个三分球就能改变落后地位，作为一个教练，哪能没有求胜的野心，何况这次战胜的还是大安。不过，我没有把这个想法告诉球员，还是让他们带着平常心作战。剩下5分钟的时候，居然只落后1分，不用我说，大家都想到赢的可能了。这时我换下周悦然，在场边问他：'你觉得这一场我们能不能赢？'他的回答相当干脆：'就算不会赢，也要打一打。'最后他上去，内线、外线加篮板，冲杀了一阵之后，我们赢了三分。他的话现在成了我的教练。"

在那一天发现了芽细胞之后，医生没有追加任何治疗，只是给他输血、打抗生素而已。但是很奇怪，那位教练竟然奇迹般地战胜了病魔，这同他振奋的精神和顽强的意志力是分不开的。世界上还有比这更难以让人置信的事情吗？即使打不赢，也绝不做逃兵，结局才有被改写的可能。

被称为"蓝色巨人"的IBM，居然是从一个生产磅秤、切肉机的小公司衍变为今天的跨国电脑公司，知道的人恐怕都会觉得意外。在这样的成就中，凝聚了几代人的汗水，但是，人们首先应当感谢的就是"计算机之父"、IBM公司的创始人——托马斯·约翰·沃森。你无法想象他是从怎样的痛苦中获得最终的成就的。

　　托马斯·约翰·沃森是一个穷苦的苏格兰移民的儿子，父亲靠伐木和种地为生。为了减轻父母的压力，他17岁就步入了社会。

　　沃森的第一份工作是为一家五金店老板推销缝纫机。当时，走街串巷的推销是被人们看不起的职业，沃森在那个时候就遭受了许多白眼。但辛苦的工作使沃森得到了锻炼，他始终保持着良好的状态。后来谈到他早年的辛苦时，沃森说："一切都源于销售，没有销售就没有美国的商业。"

　　推销商品让沃森每个星期能得到12美元的薪金，但是，他从其他推销员那里得知自己被老板愚弄了，其他的推销员拿到的是佣金而并非工资。这样算来，沃森每个星期应得的是65美元，他感到气愤，并且辞去了这份工作。

　　后来他又给一个名叫巴伦的推销员做助手，佣金比较丰厚。沃森还开了一家属于自己的肉店，他有着缔造零售业帝国的梦想。然而，这个梦很快就被惊醒了，巴伦卷款而逃，这使沃森陷入破产的危机中。

　　沃森绝不甘心就这样失败了。他重整旗鼓，精神抖擞地面对困难，将谋生的目光投向了全国现金出纳机公司，那里平均周薪100美元。

　　沃森第一次推销收款机时极其失败，他遭到上司兰奇的百般责骂。当时，他被骂得不知所措，羞愤难忍。但是，沃森却在这样的屈辱中坚持了下来，将这样的经历看成推销中的职业训练。一年后，沃森成了销售部的经理。后来，沃森又被提升为分公司经理。他到这家公司的第五年，已经成为仅次于这家公司老板帕特森的第二号人物。他仿佛很快要到达成功的巅峰。

　　而厄运又一次袭来。州法院以垄断罪起诉了国民收款机公司。沃森虽然获得了保释，帕特森却被判入狱一年。年近40岁的沃森在这个时候失去了饭碗，他的家里此时有新婚不久的妻子和嗷嗷待哺的儿子，他必须继续去闯荡。

不久，经朋友介绍他认识了IBM前身的奠基者查尔斯·弗林特。失业的沃森一如既往地保持着最佳的状态，他们通力合作，为IBM的江山打下了坚实的基础，而沃森更是以自己卓越的领导才能和经营魄力赢得了人们的信任。现在，虽然沃森已经去世，但他创办的IBM公司仍然在不断壮大。

在忍耐和辱骂中，沃森逐渐成长起来，如果没有那些灰暗日子的磨砺，不会有日后的成就。每一次跌倒，沃森都会马上爬起来，他的状态永远是斗志昂扬的。爬起来再战，做一个无畏的斗士。像他这样的人还有安德鲁·杰克逊。

安德鲁·杰克逊是美国第七任总统。首任佛罗里达州州长、新奥尔良之役战争英雄、民主党创建者之一，杰克逊式民主就是因他而得名。在美国政治史上，他是19世纪20年代与19世纪30年代的第二党体系的极端象征。

但是，安德鲁·杰克逊的儿时伙伴们都无法理解他为什么会成为名将，最终还成了美国总统。因为，在他的伙伴们当中，有许多人比杰克逊更优秀，更有才华，但是最终却也没有大的作为。

杰克逊的一位朋友曾经说："吉姆·布朗和杰克逊就住在同一条街上，布朗不但比杰克逊聪明，而且摔跤也能赢杰克逊三场，凭什么杰克逊会混得那么好？"

"摔跤都是三局两胜，那么为什么会有第四场比赛呢？"有人问。

他的朋友说："没错，比赛确实应该结束了，但是杰克逊不肯。他从来不愿意承认自己输了，一定要赢回来才可以。到最后，吉姆·布朗没了力气，第四场，杰克逊就会赢了他。"

安德鲁·杰克逊向来拒绝失败，正是这种坚忍不拔的精神造就了他日后的辉煌。

当你被摔倒在地时，你会不会爬起来再战，会不会精神抖擞地面对一切，直到取得胜利？衡量力量与勇气不能只看胜利和奖章，更重要的标准是人们所克服的困难。真正的强者不一定是取得胜利的人，但一定是面对不可能敢挑战的、斗志昂扬的人。

时时全力以赴，事事全力以赴，谁能预测之后会发生什么事情呢？每个人都会可能面对一些事情，明知道自己会败下来，但是，只要参与其中，始终抱着打不赢也绝不做逃兵的心态，也许，打不赢就会变成打赢，不可能就会变成可能。

从"不可能！"到"不！可能！"

从"不可能！"到"不！可能！"，中间只隔了一个叹号，却能得到截然相反的效果，可见，它们并不是不能逾越的。

在沈庆京年轻的时候，他为了帮派的利益打打杀杀，最后终于招来三年的牢狱之灾。在狱中，他想得最多的就是自己到底为什么捅别人这一刀，难道就因为帮派中的人说了一句话"捅他"，自己就冲了出去吗？这太可笑了。

出狱之后，沈庆京决定四海为家。于是他成了远洋船只的海员，开始浪迹天涯。三年之后，他选择了纺织配额买卖的报关员作为自己的职业。那个时候中国台湾的"配额"行业里充满了尔虞我诈，特别是沈庆京所做的纺织业配额，更是一个危机四伏的诈骗行业，每一个从事这一行的人都不知道什么叫良心，什么叫诚信，从来都是能骗则骗，能诈就诈。

沈庆京不愿意自己也成为这样的一个欺诈者，因为三年的牢狱、三年的海上漂泊让他彻底地明白一个人应当怎么样活着。可是要想在这群绝对不可信赖的人群里成为那个唯一可信赖的人，那是多么艰难的一件事情。

没有人相信沈庆京，没有人认为他是值得信赖的，甚至每一个人都认为沈庆京为了设计更大的骗局而故意这样自欺欺人，所以没有人愿意和沈庆京做生意。他们不相信沈庆京的诚信，认为这不过是老虎要吃人之前的假慈悲。于是行业里面的人寻找各种机会对他发难，让他在这个行业待得越来越难受。

面对这么多人对自己的不信任，这么多人对自己发难，沈庆京忽然觉得很悲哀，也许自己注定是这个行业的异类。沈庆京开始产生动摇的念头，他觉得这一切也许真的像他的一位好友劝他说的："你所做的一切绝对是不可能成功的。"

正在这时，中兴纺织的董事长鲍先生约见他，沈庆京忽然间像是傻了一样。要知道，鲍先生的中兴纺织可是中国台湾纺织业的龙头老大。

鲍先生一见沈庆京就问他："听说你想在纺织配额行业重树一种诚信的风气，是这样吗？"沈庆京老实回答说："开始我是这么想的，但现在看来，的确很难。也许是我错了，这一切也许真的是不可能实现的。"鲍先生脸色马上变了，他找来纸笔，写了几个字，然后对沈庆京说："年轻人，什么是不可能？你看，不可能不就是'不！可能！'吗？你年纪轻轻，经历这么一点事就觉得不可能，那下次要怎样做事才能够变成可能呢？"

沈庆京忽然觉得一阵羞愧，他低着头过了良久才对鲍先生说："先生说得对，不可能就是'不！可能！'。您放心，我一定不再退缩，在这个行业树立起我的诚信，把不可能变成真正的可能。"鲍先生笑了，他对沈庆京说："那好，从此我中兴的生意就和你做了。"

有了鲍先生的支持，沈庆京不再退缩，他决定要在这个没有诚信的行业里树起一面诚信的大旗。所以，卓越的人要有诚信，卓越的人生普通人是不会懂的，因为它们都是崇高理想的产物。

许多时候，人们遇见的事情是之前所未遇见过的，可能对其并不是很了解，看不透它的本质。于是，"不可能！"成了人心中的魔障。有的人就开始犹豫，是做还是不做，机会就在这犹豫不决中悄悄溜走了。有的人会花时间去等，想等事情明朗了，看清方向了再去做，结果一再地观望等待，错失良机。

能够取得成功的人都能把握住机会，他们都具有这样的魄力：敢做别人不敢做的事，敢将别人认为不可能的事情变为可能。这样的能力需要有深刻的洞察力和丰富的经验，还需要有足够的勇气。

有一个小伙子，大学毕业后，被分配到了家乡宁波的电信局。这里的工作稳定，收入也不错。然而两年后，他毅然作出决定，放弃了目前的这份工作，另觅他处。

他不顾父母的反对，毅然南下广州。在 Sybase 广州分公司里，工作了两年，学到了不少东西，也有了一些积蓄。然后，他辞去了这份工作，想要自己创业。

他靠自己这几年积攒下来的钱，在广州创办了一家网络公司，时间是 1997 年。2000 年，他公司的股票开始在纳斯达克上市。然而在 2001 年，他的公司涉嫌财务欺诈，被纳斯达克调查。2002 年，他公司的股票狂跌，网络泡沫几乎让他的股价变得一文不值。

这个人似乎天生敢于冒险并不怕失败，他坚信，只要经营好自己，就可以经营好整个人生。果然，经过他不懈的努力，他公司的股票又一路狂涨，他也成了《福布斯》杂志曾公布的中国第一富豪。这个人就是网易的创始人兼首席架构设计师——丁磊。他拥有的财富超过了 70 亿元。一切皆有可能。有魄力、有信念、有努力，还有什么是不可以实现的呢？丁磊的经历将"不可能！"变成了"不！可能！"诠释得是如此到位。

可以说，许多白手起家的成功者，都具有做事明快果敢的品格，都具有敢走别人不敢走的路的冒险精神，他们完全不怕"不可能"。

19世纪60年代初期，美国的铁路还处于铁的时代，无论桥梁还是路轨全是铁造的，铁路及桥梁事故时有发生。卡内基在铁路部门任职后，早就觉察到这是一个有待解决的大问题。

一天，卡内基在报上看到了一则消息：欧洲的贝西默发明了一种炼钢法，使钢的制作有了大生产的可能。他马上意识到这将意味着铁时代的终结，钢时代的登台，谁能捷足先登必将前程无量。考虑到自己的财力有限，卡内基便马上与弟弟商量，要把他们的全部资本抽出来投资办钢厂，而且还要借一笔资金。

卡内基的弟弟没有多大气魄，他劝哥哥说："这样做太冒险了，不能把所有的鸡蛋放在一个篮子里吧。如果钢不能取代铁的话，我们岂不是要损失惨重？"卡内基说："我看准了，钢取代铁势在必行，先下手为强，肯定可以发大财，它值得我们下一笔大赌注。"

卡内基的弟弟尽管有些不放心，但还是按照哥哥的意思去做了。首先是买厂址，卡内基看中了独立战争时代的布拉多克战场一带的一片土地。那块地的地主听说卡内基要在他的土地上办厂，竟一夜之间从每英亩500英镑提高到2000英镑。卡内基的弟弟犹豫起来，忙发电报给卡内基。卡内基看到后，马上告诉弟弟快买下来，否则那地主还会涨价。

卡内基把钢厂办起来以后，一直一帆风顺。钢厂的最初资本只有100万英镑，但不久每年利润就达到了200万英镑，后又增至200万、1000万英镑。到1890年，年利润高达上亿英镑。

卡内基看准时机，倾其所有资产发展钢铁业，把别人不敢想的事情变成了现实，不愧为具有雄才大略的企业家。而在大家身边，成功者只是少数，但更多的人却是碌碌无为。很多头脑聪明，才华横溢的人，就是因为缺乏将"不可能！"变成"不！可能！"的勇气和果敢，遇事瞻前顾后，不敢迈出第一步，只会等待，不懂主动出击，所以才无所成就。

　　生活中会遇到很多困难和挫折，会遇到很多让人看起来完不成的事，遇到很多看起来高不可攀的东西，可这些真的你达不到吗？你应该有勇气把"不可能"变成"不！可能！"

成功是爬起比跌倒的次数多一次

很多人成功攀上了顶峰，并不是得到了上天的眷顾，而是在每一次失败的时候都坚强地站了起来。当他站起来的次数比跌倒的次数多的时候，哪怕就多一次，他就站在了顶峰，因为胜利永远只向强者招手！

所以，有人给成功下了个定义，说成功就是不断跌倒，再不断地爬起。直到有一天你发现，你爬起的次数比跌倒的次数多一次。事实上的确如此。机会对每个人都是均等的，你不能一味地抱怨生不逢时、无人赏识。

成功的路上布满了荆棘和坎坷，跌倒在所难免，受伤毋庸置疑。但是后面还有一句话："跌倒了站起来，受伤了让伤口愈合再接再厉，就一定能到达成功的目的地。"成功并不难，只是要求你跌倒的次数永远小于站立的次数，如此而已！

1892年夏季，暴风雨席卷了美国密苏里平原，肆虐的洪水冲毁了公路、庄稼和农舍，许多人无家可归。一个瘦弱的小男孩穿着布满补丁的破烂衣服，站在农舍外围的高坡上，眼睁睁地看着棕色的河水汹涌而来，漫过河堤，席卷了农田。

洪水卷走了一家人所有的希望，垂头丧气的父亲到当地叫玛丽维尔的银行家那里去请求延期偿还贷款，狠心的银行家却以没收他的全部财产相要挟拒绝了他的请求。沮丧的父亲赶着四轮马车往家走，途经一座桥时，他停下来，扶着栏杆俯身呆望着桥下滚滚的河水。

"爸爸，您还要等谁呢？"小男孩疑惑地望着父亲。

父亲没有说话，眼泪簌簌地淌了下来。小男孩紧紧地抱住父亲的大腿，似乎要给父亲鼓励和力量。父亲终于重新上路。

不久后的一天，一位演说者到了瓦伦斯堡的集会上演讲，演说者雄辩的技巧、扣人心弦的故事深深地影响了男孩，"一个农村男孩，无视贫穷，甚至不顾眼前的一切而努力奋斗，他一定会成功的！"演说者说完便问听众："谁将是那个男孩呢？"接着他又自答道："各位女士、先生，你们看看他。"说完演说者的手随便指了一个方向。虽然他只是随便一指，但那男孩分明觉得他正指着自己。从那一刻起，他发誓要当一名演说家。

然而，笨拙的外表、破烂的衣服和少了一根食指的左手却总是让他在以后相当长的一段时间里都感觉非常自卑。

有一次，已经是一名师范院校学生的他穿着那件破夹克刚走到台上，就有人喊了一嗓子"我爱你，瑞德·杰克！"紧接着，大家笑成了一团，原来在英语里瑞德·杰克与破夹克是谐音词。还有一次，他在演讲的中途竟然忘了词，在人们的口哨声中，他汗流满面地站在那里，尴尬至极。

连续十二次的演讲失败让他心灰意冷，他甚至对自己的能力产生了怀疑。又一次的比赛结束后，他拖着疲惫的身子往家走，路过一座桥时，他停了下来，久久地望着下面的河水。

"孩子，为什么不再试一次呢？"不知何时，父亲已经站到他的身后，正微笑着看着他，眼里充满着信任与鼓励。像十二年前的那个午后一样，站在小桥上的父子俩又一次紧紧地拥抱在一起。

接下来的两年里，瓦伦斯堡的人们几乎每天都可以看到一个身材颀长、清瘦、衣衫破旧的年轻人，一边在河畔踱步，一边背诵着林肯及戴维斯的名言。他是那么全神贯注，以至达到了忘我的地步。有一次，当他正在练习自己的一篇演说稿，神情专注，还不时夹杂着手势时。附近的一个农民看到了，以为出现了一个疯子，立即报告了警察，警察气喘吁吁地跑来。经过询问，大家才恍然大悟，原来一切都是一场误会。1906年，这个年轻人以《童年的记忆》为题发表演说，获得了勒伯第青年演说家奖。那一天，他第一次尝到了成功的喜悦。

三十年后，他成为美国历史上最著名的心理学家和人际关系学家，他的《成功之路》系列丛书创下了世界图书销售之最。在他过世后的许多年里，在世界的各个角落，人们仍在以不同的方式不断地提起他的名字。他便是被誉为"20世纪最伟大的人生导师和成人教育大师"的戴尔·卡耐基。今天，几乎所有的美国人都喜欢用这句"为什么不再试一次呢？"去鼓励自己的孩子们。

戴尔·卡耐基用自己的行动印证了伟大的思想家艾丽丝·亚当斯那句话："世上没有所谓的成败，除非你不再尝试。"他富于传奇色彩的一生在带给世人感慨的同时，也带给了我们深深的思考，许多时候，面对挫折与失败，或许我们也该对自己说这样的一句话：为什么不再试一次呢？

当我们回顾自己那些曾经成功历程的时候，是不是发现站起来的次数永远比跌倒的次数多？而当你遭遇失败时，别人最喜欢鼓励你的一句话是不是"没关系，你可以再来一次"。

苦难绝不会阻断强者的成功之路

苦难可以毁灭一个人，也能成就一个人。对于一个意志坚定的人来说，困难虽然会挡在通往成功的路，但是困难绝对不会阻断强者的成功欲望和前进的方向。

同样一件事，人们却有不同的反应，只因心态不同，看问题的角度不同。其实在这个世界上并没有不幸的人，只有相对不幸的人。遇到了小偷，有人因为东西被偷而恼恨不已，有人却因为人身没受到伤害而大感庆幸。一根刺扎在手中，有人会怨声喊叫，有人却庆幸不是扎在眼中。你所遇到的，真的就是不幸吗？

1934 年春，已经在威培城开杂货店两年的史密斯不但把所有的积蓄都亏掉了，而且还负债累累，最后只好把杂货店关掉。

生活上陷入困境的史密斯颓废极了，开始对生活失去信心。一天，他突然遇到一个没有腿的残疾人，只见那个人坐在一个木制的滑盘内，一只手撑着一根木棒，滑着前进。当史密斯和他的目光相撞时，他微笑着向史密斯打招呼："早，先生，天气很好，不是吗？"

那一刹那，史密斯突然觉得自己以前实在是太荒唐了，他对自己说：这个人没有腿都能这么快乐和自信，我有腿，当然我也可以。史密斯的心胸一下开阔起来，他相信自己一定能够找到一份工作。果然，他很快就找到了一份新工作。

其实人生中很多事都是这样。有人总是抱怨生活的不如意、命运的不公、活着的不幸。可他们却不曾想过，比他们境遇更糟糕的大有人在，和真正的不幸者相比，他们那点"不幸"实在微不足道，甚至不值得一提。

人们总是对成功人士光鲜亮丽的一面记忆犹新，殊不知他们也曾经遭遇过不幸，并且他们曾经的生活状况可能还不如普通人。不同的是他们不仅不会抱怨，相反还会把这种不幸变成成功的资本。

雅虎的创始人杨致远生于中国台湾，两岁时父亲就去世了。他的母亲毅然挑起了独自抚养他的重任，而杨致远也汲取了母亲身上的乐观和自强的精神，这也为他长大成人后取得成功奠定了基础。

华人首富李嘉诚可以说是全世界公认的成功人士，他的人生同样充满了不幸和曲折。李嘉诚出生在动荡的20世纪20年代。因为战乱，12岁时李嘉诚不得不随父母举家逃往香港谋生。空手来到香港，李家可以说是一贫如洗。可是李嘉诚没有因此而放弃人生，他不怕吃苦、不怕吃亏，从不埋怨别人，踏踏实实地做事。

正是在不幸和痛苦的煎熬中，李嘉诚养成了坚韧的个性，从不怨天尤人，因为他知道埋怨只会让他的状况变得越来越糟。功夫不负有心人，李嘉诚终于成功了。

很多时候，如果现实和理想有所出入，人们就会觉得自己不幸，殊不知在这个世界上比他不幸的人不知道有多少。

古希腊哲学家苏格拉底说："苦难是磨炼人的最高学府。"巴尔扎克也说过："苦难是强者的垫脚石，对能干的人来说是财富，对弱者却是万丈深渊。"苦难使弱者消沉自毁，使强者升华而自强。面对苦难和挫折，唯有永不放弃，坚持到底，才能让自己感受到胜利的喜悦。

一个真正的强者不仅能坦然地面对命运带来的苦难，而且还能在困境中保持理智，清醒地做出正确的判断，让自己走出逆境。

苦难并不意味着与成功越来越远，它会挡在人们通向成功的道路上，是停止不前，还是想办法越过去？处在顺境中的人也许根本就不知道苦难为何物，容易贪图享受，不思进取。逆境中的人则不同，他们饱受磨难，一次次与命运和困难作斗争，逐步具备了走出逆境的心智和潜能。

要想正确认识苦难并增强自己对抗挫折的能力，可以借鉴下面的方法：

1. 要认识到挫折是不可避免的

人类的文明，就是在挫折与失败中获得进步的。必须对人生道路上的挫折和困难有充分的认识，并且也要有思想上的准备。绝对平坦顺利的人生路是不存在的，因为事物的发展本来就是螺旋式曲折前进的，所以，人生的道路充满曲折是正常合理的。

2. 积极地应对挫折

当你遇到挫折时，不要灰心丧气、怨天尤人，更不能因为一时的受挫而轻言放弃，应该从心理上相信自己能行，自己给自己鼓励，因为阳光总在风雨后，只要有心理准备，只要相信自己，你就不会因为一点困难而退缩。

一个人在遭遇挫折时，内心情绪会发生很大的变化，如果不知道如何去调整自己的情绪，不懂得如何赶走因挫折给人带来的消极影响，就会导致更大的失败。要知道，挫折既然已经发生，就要端正心态，客观地去面对它，以寻找解决的办法，努力使自己的行为合理化，尽量处理好当前的局面，扭转形势以利于自己向前行进的步伐。

3. 自我调节，释放能量

当遇到困难和挫折时，不能一味地消沉、自责，更不能太急躁，要懂得自我安慰、自我暗示、自我激励，用恰当的方式宣泄不良情绪，并努力赶走消极思想。

当遇到挫折时，可以和好朋友谈谈心，让压抑的情绪得以释放，同时也要积极地寻找应对措施。如果已经过去，就应当丢开它，让自己面对前面的新生活。痛苦的感受犹如泥泞沼泽地，你若不能从中解脱，就很有可能深陷其中而不能自拔。

总之，大千世界，变幻无常，发生不如意的事情是正常现象，而挫折也是一个变数。只要你努力做生活的强者，将挫折的障碍石化为成功的垫脚石，将挫折的阻力化为成功的动力，调整自己的情绪，理智地分析问题的根源，就能够战胜挫折、扭转心境。只有正确地认识自己，用全面的、发展的眼光看自己，对未来充满自信，才能释放出巨大的精神动力，走向成功的彼岸。

人们都希望自己一生平坦顺利，然而，未经苦难考验的人生往往是平平庸庸无所作为的。苦难，引导人们通过奋斗获得成功，没有经过苦难洗礼的人，很难拥有不屈的人格。苦难是人生的试金石，生活中真正的强者绝不会被苦难吓倒。

绝望将希望变成荒漠，希望将绝望

变成绿洲

　　如果一个人处于绝望当中，希望也变成了无边的荒漠；而如果一个人充满了希望，那么绝望也会变成一块生机勃勃的绿洲。

　　所以，无论你所处的环境多么恶劣，无论你经历了多么巨大的挫折，如果你是被绝望所控制，向绝望屈服，放弃了积极进取和努力，那么，失败是必然的结果。与之相反，只要你心里还能拥有希望，就会有一种无穷的力量帮助你战胜困难，取得成功。很多时候，人们的智慧和才干并非不如别人，仅仅是与别人相比时缺少了希望所带给他们的精神动力而已。

　　人生无坦途。在漫长的道路上，谁都难免遭遇厄运和不幸。小泽征尔，这个被誉为"东方卡拉扬"的日本著名指挥家，谁曾想到，在初出茅庐的一次指挥演出中，中途被赶下场来，然后被解聘。

　　为什么困难没有让他们放弃？为什么厄运没有把他们打败？因为他们始终把厄运看作是人生的一种磨炼，而不是负担，更不会因此而对自己的未来绝望。在厄运来临时，他们能看得更远，能让自己心中永存希望，梦想是他们心中永远的绿洲。

　　在华人圈内素有"美容教母"之称的蒙妮坦国际集团董事长郑明明，有一个美丽的称号——"蒙妮坦不倒翁"。近40年来，她一直在为"美丽"奋斗不止。

1973年，郑明明精心挑选了一批美容产品，带领6名受过训练的职员，在雅加达租了一个储存仓库，准备通过销售产品在那里开设蒙妮坦的分支机构。怎料，一场大火把仓库内烧了个精光，所有产品付之一炬。产品没了，本也亏了，欠下银行一大笔贷款，还要赔偿被烧毁的仓库。郑明明当时的境遇可想而知，而就在她绝望的时候，想起了父亲的不倒翁，顿时得到鼓励。她说："父亲最喜欢不倒翁，他常常鼓励我要敢于面对现实，应该学习不倒翁的精神：遇到挫折时不必绝望，只要懂得如何再次站起来。"

于是，郑明明借着父亲的"至理名言"，在仓库失火后再次勇敢地站起来。她先回到香港，重建事业。一年后还清了银行贷款，手头又有了积蓄，于是再次扩张。这样，几十年风雨历程，她的事业越来越大，也正是父亲那句再普通不过的教诲，一直在鼓励着这位"美容教母"。让她从荒漠中找到了生命的绿洲。

后来，她在总结自己成功的经验时说："踏足内地的头八年，工作并不顺利，到处碰壁。就当时的内地来说，开办美容学校是很难被接受的事情。阻碍很多，但每当要打退堂鼓时，我就想到了父亲的那句话，于是就给自己打气，在心里描绘未来的美好蓝图，给自己一个成功的希望：以后，我最大的心愿是建立中国的民族品牌，让中国的美容产品在海外同样得到认同……"

人生在世，谁都有过失败，有过挫折。古今中外哪位成功人士不是从失败中走出来的？但无论遇到多大的挫折和阻碍，都不能绝望，因为绝望会让你丧失一切机会。要做一个意志坚强、永不绝望的人，无论在怎样的困境中都能看到希望，只有这样才可以战胜一切困难，摔倒了重新站起来，取得成功的钥匙。

通向成功的路并非是一条平坦的大路，你必须随时拥有承受失败考验的心理准备。要知道，当你似乎已经走到山穷水尽的绝境时，你离成功也许仅一步之遥了。

人的一生，就像一趟旅行，沿途中有数不尽的坎坷泥泞，但也有看不完的好风景。如果你的一颗心被灰暗的风尘所覆盖，干涸了心泉、暗淡了目光、失去了生机、丧失了斗志，你的人生轨迹会被绝望毁灭；而如果你能保持一种健康向上的心态，即使你身处逆境，只要心中有希望，就一定能东山再起，让人生变成充满生机的绿洲。

由此可见，绝望会让原本有可能实现的理想变成毫无可能的泡影，而希望却可以让不可能变为可能。那么，如何化绝望为希望呢？

1. 不要扩大事态

如果你做一件事，但是没有取得预想的结果，千万不要太失望，更不能绝望，要继续努力。因为成功不是轻而易举的，只要心怀希望你就有机会成功。千万不能扩大事态，影响你前进的脚步。

2. 不要"人"与"事"混淆

当你做一件事没有取得成功的时候，不要把自己定义为失败者。没有成功，你首先要面对现实，想想自己做事的时候哪里处理不当，下次如何借鉴以避免相同的错误，让这次的失败给下次的努力以正确的指导，以保证下次成功的系数更大。

3. 不要夸张渲染

当有不如意时，不要认为自己就是个倒霉的人，这种消极的心态无益于日后的生活。而且，这个世界上没有人会一直生活在黑暗中。只要你肯努力，心怀希望，就一定能走向坦途，迎来光明。

第八章

你要相信，最好的正在来的路上

要知道，有些路只能一个人走，你以为那些跨不过去的坎儿，一回头，可能就已经跨过去了；你以为等不来的阳光，一回头，才发现，已经度过了漫漫长夜。

这点小事不值得你垂头丧气

我们生活在这个世界上只有短短的几十年，而我们浪费了很多时间，去为那些很快就会成为过眼云烟的小事发愁。

上天赋予每个人可以独立思考的大脑，人们用它来捕捉生活中的美好。他们在枯树的一粒嫩芽上可以看到春天的消息；在迁徙的候鸟鸣叫声中听到它们对家的渴望；在巷弄中打闹嬉戏的孩子笑声中，回忆起自己无忧无虑的童年；听到一句美丽的话语时，会想起自己深深眷恋着的爱人。

人生只有短短几十年，却常常浪费很多时间去发愁一些微不足道的小事。讲一个最富戏剧性的故事，主人公叫罗伯特·莫尔。

莫尔说："1945 年 3 月，作为一名美军战士的我，在中南半岛附近 80 米深的海水下，学到了人生当中最重要的一课。当时，我正在一艘潜艇上，我方雷达发现一支日军舰队，包括一艘驱逐护航舰，一艘油轮和一艘布雷舰，正朝我们这边开来。我们发射了三枚鱼雷，都没有击中日军舰队，突然，那艘日军布雷舰径直朝我们开来（后来才知道，这是因为一架日本飞机把我们的位置用无线电通知了这艘军舰）。我们潜到 45 米深的地方，以免被它侦察到，同时做好防御深水炸弹的准备，还关闭了整个冷却系统和所有的发电机。

"3 分钟后，我感到天崩地裂。六枚深水炸弹在潜艇的四周炸开，把我们直压到 80 米深的海底。深水炸弹不停地投下，有十几个在距离我们 15 米左右的地方爆炸了——如果深水炸弹距离潜艇不到 5 米的话，潜艇就会炸出一个洞来。当时，我们奉命静静躺在床上，保持镇定。我吓得简直喘不过气来，不停地对自己说：'这下死定了……'潜艇的温度几乎到了 40℃，可我却怕得全身发抖，一阵阵地冒冷汗。15 个小时后，攻击停止了，显然是那艘布雷舰用光了所有的炸弹后开走了。这 15 个小时，我感觉好像是过了 1500 万年。我过去的生活一一在眼前出现，我记起了干过的所有坏事和曾经担心过的一些无聊小事。我曾担心，没有钱买房子，没有钱买车，没有钱给妻子买好衣服；下班回家，常常和妻子为一点芝麻大的事吵上一架；我还为额头上的一个小疤发过愁。

"那些令人发愁的事，在深水炸弹威胁生命时，显得那么荒唐和渺小。我对自己发誓，如果还有机会再看到太阳和星星的话，我永远不会再忧愁了。在这 15 个小时里我学到的，比我在大学 4 年学到的还要多得多。"

我们一般都能很勇敢地面对生活中那些大的危机，却常常被一些小事搞得垂头丧气。

拜德先生手下的工人能够毫无怨言地从事那种危险又艰苦的工作，可是有好几个人彼此之间不肯说话，只是因为怀疑别人乱放东西侵占了自己的地盘；或者看不惯别人将每口食物嚼 28 次的习惯，而一定要找个看不见这个人的地方，才吃得下饭……

世界上超过半数的离婚，都是发生在生活里的小事引起的。

芝加哥的约瑟夫·塞巴斯蒂安法官，在仲裁过 4 万多件离婚案后说："不美满的婚姻生活，往往都是因为一些小事。一次，我们到芝加哥一个朋友家吃饭，分菜时，他有些小细节没做好。大家都没在意，可是他的妻子却马上跳起来指责他：'约翰，你怎么搞的！难道你就永远也学不会怎么分菜吗？'她又对大家说：'他老是一错再错，一点也不用心。'也许约翰确实没有做好，可我真佩服他能和他的妻子相处 20 年之久。说句心里话，我宁愿吃两个最便宜的只抹着芥末的热狗面包，也不愿意一边听她啰唆，一边吃美味的北京烤鸭。

"不久前，我和妻子邀请了几个朋友来家里吃晚餐，客人快到时，妻子发现有三条餐巾和桌布颜色不搭配。她后来告诉我：'我发现另外三条餐巾送去洗衣店洗了。客人已经到了门口，我急得差点哭了出来，我埋怨自己，为什么会发生这么愚蠢的错误？它会毁了我的！我突然想，为什么要毁了我呢？我平静了下心情，若无其事地走进去吃晚饭，还决心好好吃一顿。我情愿让朋友们认为我是一个比较懒的家庭主妇，也不愿意让他们认为我是一个神经质的女人。而且，据我所知，根本没有一个人注意到那些餐巾的颜色。'

"大家都知道：'法律不会去管那些小事。'人也不应该为这些小事忧愁。实际上，要想克服一些小事引起的烦恼，只要转换一下观点，有一个新的、开心点的看法就好。作家荷马·克罗伊告诉我，过去他在写作的时候，常常被纽约公寓的大照明灯"噼噼啪啪"的响声吵得快要发疯了。

"后来，一次他和几个朋友出去露营，当他听到木柴烧得很旺时"噼噼啪啪"的响声，他突然想到：这些声音和大照明灯的响声一样，为什么我会喜欢这个声音而讨厌那个声音呢？回来后他告诫自己：'火堆里木头的爆裂声很好听，大照明灯的响声也差不多。我完全可以蒙头大睡，不去理会这些噪音。'结果，不久后他就完全忘记了它。"

很多小忧虑也是如此。我们不喜欢一些小事，结果弄得整个人很沮丧。其实，我们都夸张了那些小事的重要性。

两次担任英国首相的迪斯雷利说："生命太短促了，不要只想着小事。"安德烈·莫里斯在《本周》杂志中说："这些话，曾经帮助我经历了很多痛苦的事情，我们常常因一点小事——一些不值一提的小事弄得心烦意乱。我们生活在这个世界上只有短短的几十年，而我们浪费了很多时间，去为那些很快就会成为过眼云烟的小事发愁。我们应该把生命只用在值得做的事和感觉上。去琢磨伟大的思想，去体会真正的感情，去做必须做的事情。因为生命太短促了，所以不该再顾及那些小事。"

爱默生讲过这样一个故事："在科罗拉多州长山的山坡上，躺着一棵大树的残躯，自然学家告诉我们，它已经活了有四百多年。在它漫长的生命里，曾被闪电击中过 14 次，无数次狂风暴雨侵袭过它，它都能战胜它们。但在最后，一小队甲虫的攻击使它永远倒在了地上。那些甲虫从根部向里咬，渐渐伤了树的元气。虽然它们很小，却保持着持续不断的攻击。这样一个森林中的庞然大物，岁月不曾使它枯萎，闪电不曾将它击倒，狂风暴雨不曾将它动摇，一小队用大拇指和食指就能捏扁的小甲虫，却使它倒了下来。"

我们不都像森林中那棵身经百战的大树吗？在生命中也经历过无数狂风暴雨和闪电的袭击，可是最后却让那些用大拇指和食指就可以捏死的小甲虫咬噬个没完。

要在忧虑毁了你之前，先改掉忧虑的习惯。不要让自己因为一些应该丢开和忘掉的小事烦恼，要记住：生命太短暂了。

在最深的绝望里，看到最美的风景

那些跌宕起伏过后，我们需要用平静来阐释面临的一切。

做棵职场向日葵还是含羞草？这个世界看起来早已成为外向者的天下。但事实上，内向者拥有安静的力量，她们的一些关键特性，比如注重深度、清晰准确的表达、习惯孤独等，使自己更容易成为卓越的领导者或有深度的思想者。

逆境中的艰难困苦会对人产生什么样的影响？会把人压得喘不过气来？还是帮助你重新审视自己，找到之前自己也意识不到的潜力？伟大的心理学家阿尔弗雷德·安德尔说：人类最奇妙的特性之一，就是"把负变正的能力"。

战争期间，瑟玛的丈夫驻守在加州莫哈韦沙漠附近的陆军训练营里，为了能与他团聚，瑟玛也搬到那里去了。她十分讨厌那个地方，丈夫经常出差，只留下她一个人住在一间破屋子里，瑟玛因此陷入了无边的苦恼中。

沙漠的天气令人无法忍受，即使有巨大的仙人掌，温度也高达摄氏五十多度。除了附近的墨西哥人和印第安人，几乎找不到可以说话的人，而他们又不会讲英语。那里整天都刮风，吃的东西，包括空气中，到处都是沙子！瑟玛感觉日子实在过不下去了，她写信给父母，说她要回家，马上就回，一分钟也待不下去了！父亲的回信只有两行字，这是瑟玛毕生难忘的两行字："两个人从监狱的铁栏里往外看，一个看见烂泥；另一个看见星辰。"

瑟玛把这两行字念了一遍又一遍，内心充满了愧疚。她暗下决心，要主动发现自己身边所有的美好——她要看到那些心中美好的星辰。

于是，瑟玛与当地的人交上了朋友，这时候她才发现，他们是如此友好——当瑟玛对他们编织的布匹和制作的陶器表示出一点兴趣时，他们就毫不犹豫地将自己最得意的东西送给了她，而不是卖给观光客。她仔细地欣赏仙人掌和丝兰令人着迷的形态；她去了解当地那些土拨鼠的生活习性；她披着日落的余晖去沙漠里寻找贝壳……

究竟是什么使瑟玛产生了如此大的变化呢？沙漠没有改变，印第安人也没有改变，而是瑟玛的内心改变了。在这种心态下，瑟玛将以前那些令自己颓丧的环境变成了生命中最富有刺激性的冒险活动。由此发现的崭新世界令她为之感动，为之兴奋不已。瑟玛说："我从自己的监牢向外望，终于看到了星辰！"

也许，在我们了解不多的古老世界里，反而保留了更多古老的智慧和关于心灵的哲学。英国军官勃德莱在非洲西北部，与阿拉伯人一同在撒哈拉沙漠里生活了7年。在那儿，勃德莱学会了游牧民族的语言，穿他们的服装，吃他们的食物，尊重他们的生活方式。勃德莱放羊为生，睡在阿拉伯人的帐篷里。勃德莱觉得，和这群流浪的牧羊人在一起生活的7年，是他一生中最安详、最富足的一段时间。

勃德莱的父母是英国人，他本人出生在巴黎，儿童时期在法国生活了9年，然后到英国著名的伊顿学院和皇家军事学院接受了教育。成年后，勃德莱以英国陆军军官的身份在印度住了6年。

那时，他热衷于玩马球、打猎，并攀登喜马拉雅山探险，生活丰富多彩。他曾参加过第一次世界大战，战争结束后，以一名军事武官助理的身份参加了巴黎和会。其间，所见所闻令勃德莱倍感震惊和失望。当年在前线战斗时，勃德莱深信自己是为了维护人类文明而战，但在巴黎和会上，他亲眼看到那些自私自利的政客，是如何为第二次世界大战埋下了导火索的——每个国家都在进行秘密的外交阴谋活动，竭力为自己争夺土地，制造国家之间的仇恨。

于是，勃德莱开始厌倦战争和军队，甚至厌倦整个社会。他开始为自己应该选择哪种职业而满怀忧虑，好友建议他进入政治圈，但在8月一个闷热的下午，一次谈话改变了他的命运。他和第一次世界大战中最富浪漫色彩的"阿拉伯的劳伦斯"——英国情报官泰德·劳伦斯谈了一会儿，这个曾长期和阿拉伯人住在沙漠里的传奇英雄建议勃德莱到沙漠去。

尽管勃德莱觉得这个建议有些荒唐，但是他已经决定离开军队，工作也找得不顺利。因此，勃德莱接受了劳伦斯的建议，前往阿拉伯人的世界。

后来他十分高兴自己能做出这样的决定，因为在那里他学会了如何克服忧虑。阿拉伯人生活得很安详，内心很平静，在灾难面前也毫无怨言。

有一次，勃德莱在撒哈拉遭遇了炙热的沙尘暴。沙尘暴一连刮了3天3夜，风势强劲猛烈，甚至将撒哈拉的沙子吹到了法国的隆河河谷。暴风十分灼热，勃德莱感觉到头发似乎全被烧焦了，眼睛热得发疼，嘴里都是沙粒，他觉得自己仿佛站在玻璃厂的熔炉前，痛苦万分，几近疯狂。然而阿拉伯人却毫无怨言，他们只是耸耸肩膀说："没什么！"

但是他们并不是完全消极被动的，暴风过后，他们立刻展开行动，将所有的小羔羊杀死。他们知道这些小羊已经无法存活了，杀死小羊至少可以挽救母羊。在完成这一任务后，他们再将剩下的羊群赶到南方去喝水……所有这些都是在十分平静的心态下完成的，对遭受的损失没有任何抱怨和忧虑。部落酋长说："已经很不错了，我们原本可能会损失所有的一切，但是感谢老天，还有百分之四十的羊留了下来，我们可以从头再来。"

还有一次，勃德莱乘车横越大沙漠，一只轮胎爆了，恰好司机忘了带备用胎。勃德莱又急又怒又烦，问那些阿拉伯人该怎么办，他们说，急躁不仅于事无补，反而会使人觉得天气更加闷热，车胎破裂是老天的旨意，是无法阻挡的。于是，一行人只好靠3只轮胎往前行驶，然而不久汽油也用光了。面对这种处境，酋长只说了一声："没什么。"这些阿拉伯人并没有因司机的过失而咆哮不已，反而更加平静。他们徒步走向目的地，一路上不停地唱着歌。

与阿拉伯人一起生活的7年时间使勃德莱相信，在美国和欧洲普遍流行的精神错乱、浮躁和酗酒，都是由匆忙、复杂的文明生活制造出来的。只要住在撒哈拉，勃德莱就没有烦恼。在那里，在最恶劣的生存环境中，他却能够找到心理上的满足和身体上的健康，而这也正是文明社会所缺失的。

在离开撒哈拉17年后，勃德莱始终保持着从阿拉伯人那里学来的生活乐趣：愉快地接受那些已经发生的事情。在深深的绝望里，看到美好的风景，这种生活哲学，比服用一千副镇静剂更能安抚他的紧张情绪。

把心放低一点，脚步会更从容

我们总是习惯了仰望，却忽略了低处，说不定那里也有美丽的风景。

玫瑰固然芳香美丽，但也有扎人的尖刺；大海固然令人神往，但也有风暴海啸。我们所在的世界尽管不完美，但我们却可以尽力修炼出一种完美的生活态度。请你仍然以一颗宽容的心，去爱这个世界，把心放低一点，脚步会更从容。

你想不想得到一个快速有效的驱除烦恼的办法？卡瑞尔是个聪明的工程师，也是卡瑞尔公司的老板，他开创了空调制造行业。

卡瑞尔先生说："年轻的时候，我在纽约州水牛城的水牛钢铁公司做事。有一次我要去密苏里州水晶城的匹兹堡玻璃公司的下属工厂安装瓦斯清洗器。这是一种新型机器，我们经过一番精心调试，克服了许多意想不到的困难，机器总算可以运行了，但性能没有达标。

"我对自己的失败深感惊诧，仿佛当头挨了一棒，竟然犯了肚子疼，好长时间没法睡觉。最后，我觉得忧虑并不能解决问题，便琢磨出一个办法，结果非常有效——这个办法我一用就是30年——其实很简单，才有三个步骤：第一步，我坦然地分析我面对的最坏的结局，如果失败的话，老板会损失二万美元，我很可能会丢掉工作，但没人会把我关起来或枪毙掉。

"第二步，我鼓励自己接受这个最坏的结果。我告诫自己，我的历史上会出现一个失败点，但我还可能找到新的工作。至于我的老板，两万美元还赔得起，权当交了实验费。接受了最坏的结果以后，我反而轻松下来了，开始感受到内心终于得到了平静。

"第三步，我开始把自己的时间和精力投入到改善最坏结果的努力中。

"我尽量想一些补救办法，减少损失的数目，经过几次试验，我发现如果再用五千元买些辅助设备，问题就可以解决。果然，这样做了以后，公司不但没损失那两万美元，反而赚了一万五千元。

"如果我当时一直担心下去的话，恐怕再也不可能得到这个结果了。忧虑使人思维混乱，忧虑的最大坏处，就是会毁掉一个人的能力。当我们强迫自己接受最坏的结局时，我们就能集中精力解决问题。

"由于这个办法十分有效，我多年来一直使用它。结果，我的生活里几乎很难再有烦恼了。"

为什么卡瑞尔的办法这么有实用价值呢？从心理学上讲，它能够把我们从灰色情绪中拉出来，使我们的双脚稳稳地站在地面。只有我们脚踏实地，一心做事，才有把事情做好的可能。

应用心理学之父威廉·詹姆斯教授已经去世很多年了，假如他还活着，听说了这个公式也一定会深为赞赏的，因为他曾说过："接受现实，是克服不幸的第一步。"

林语堂在他那本深受欢迎的《生活的艺术》里也说过同样的话，这位中国哲学家说："心理上的平静能顶住最坏的境遇，能让你焕发新的活力。"这话太对了！接受了最坏的结果后，我们就不会再损失什么了，这就意味着失去的一切都有希望赢回来了。

可是生活中还有成千上万的人为愤怒而毁了生活，因为他们拒绝接受最坏的境况，不肯尽可能地挽救灾难带来的后果。他们不但不重建心灵大厦，反而得了忧郁症。

住在麻省曼彻斯特市温吉梅尔大街 52 号的艾尔·汉里讲过他的故事：

"20 年前，我因为常常发愁，得了胃溃疡。一天晚上，我的胃出血了，被送到芝加哥西比大学的医学院附属医院，体重也在几天内从 170 磅降到了 90 磅。我的病非常严重，以至于医生连头都不许我抬，医生们认为我的病没得治了。我只能每小时吃一匙半流质的东西。每天早晚护士都用一条橡皮管插进我的胃里，把里面的东西洗出来。

"这种情况持续了几个月……最后，我对自己说：'汉里，如果你除了等死之外没有什么其他的指望的话，不如充分利用你余下的生命。你一直想在你死之前周游世界，如果你还有这个愿望，只能现在就去实现了。

"当我告诉医生我要去周游世界的时候，他们大吃一惊。他们警告说，这是不可能的，如果我去周游世界，我就只有葬在海里了。'不，不会的'，我说，'我已经答应过亲友，我要葬在雷斯卡州我们老家的墓园里，所以我打算随身带着棺材。'

"我买了一具棺材，把它运上船，然后和轮船公司商量好，万一半路上我死了，就把我的尸体装进这口棺材中，放在冷冻仓中，运回我的老家。我踏上了旅程，心里默念着奥林凯莉的那首诗：

啊！在我们零落为泥之前，
怎能辜负欢乐的时光？
化为泥土，死后长眠，
就会没有酒、没有歌、没有舞蹈，而且看不到明天。

"我在洛杉矶坐上亚当斯总统号向东方航行时，精神已经感觉好多了。渐渐地，我不再吃药，也不再洗胃了，又过了段日子，我可以吃东西了——甚至包括许多奇特的当地食品和各种调味品——在医生看来，这些都是会让我送命的食品。几个星期过去了，我甚至可以抽长长的黑雪茄，喝上几杯老酒。

"我们在印度洋上碰到季风，在太平洋上遇到台风，可我却尝到了冒险的极大乐趣。

"我在船上玩游戏、唱歌、认识新朋友，晚上聊到半夜，多年来我从未享受过这样轻松的时光。

回到美国后，我的体重增加了90磅，几乎都忘记了我还得过的重病，我从未感到这么舒服、健康。"

艾尔·汉里在潜意识中也运用了威利·卡瑞尔克服忧虑的办法。

"首先，我问自己：可能发生的最坏情况是什么？答案是：死亡。

"其次，我让自己准备好迎接死亡。我别无选择，几个医生都说我没有希望了。

"最后，我想办法改善这种状况。办法是：尽量享受剩下的这点时间，如果我上船后继续忧虑下去，毫无疑问我会躺在棺材里结束这次旅行。无非就是死掉而已，我完全放松了，也忘记了所有的烦恼，而这种心理平衡，使我产生了新的活力，拯救了我的生命。"

忧虑对人的损害更大，它除了会带来一系列疾病之外，还会侵蚀人的容貌，让人未老先衰；同时，在生活、家庭和职场中，往往还会给人增添很多自身之外的忧虑。可以说，忧虑仿佛更青睐人，亲爱的你，如果有忧虑，就要赶紧排除它。你可以用威利·卡瑞尔的这个万灵公式，做下面三件事：

一、问你自己："可能发生的最坏情况是什么？"
二、做好准备迎接它。
三、镇定地想方设法改善最坏的情况。
然后，用快乐的心情一脚把忧愁踢走。

总有一天，你会成为最好的女孩

真诚的鼓励可以让每一个平凡的孩子继续他的梦想，明确的目标可以让每一个看起来不可能实现的愿望梦想成真。

整形外科医生马克斯韦尔·莫尔兹博士说：任何人都是目标的追求者，一旦达到一个目标，第二天就必须为第二个目标动身起程了……人生总是像行驶在高速路上的车子，不断起跑、飞奔、修正方向……不犹豫地面向前方奔跑，总有一天，你会成为最好的女孩。

一个小女孩名叫罗丝，有一天，老师让学生们把自己的梦想写出来。罗斯写的梦想是拥有一个大农场，甚至还画了一张农场的设计图。老师判她的答卷不及格，还说罗斯是在做白日梦。老师认为，建农场是一笔很大的开销，而罗斯又是个弱小的女孩，既没钱又没家庭背景，怎么可能实现这个愿望呢？罗丝却很认真，她把自己的梦想细细地描述出来，并且还确定了每个不同阶段的目标，之后她就朝着这个目标努力。多年后，罗斯终于有了一座属于自己的农场。有意思的是，当年那位老师还带着学生来这里参观，当然，这位老师对自己当年的做法惭愧极了。

巴罗是一名马戏团的驯兽师。每当一只动物的动作有了进步，巴罗就会亲热地拍拍它的脑袋，称赞它的聪明劲儿，还要奖励它一块肉。巴罗的方法正是几个世纪以来训练动物的寻常技巧，人们对待别人的时候，为什么总是习惯使用皮鞭，而不是肉呢？换句话说，人们都习惯了给别人批评和责怪，甚至嘲笑，而不习惯赞赏别人。但实际上，即使一个人只有一点小小的进步，只要得到称赞，就可以得到继续前进的动力。

50年前，一个10岁的穷孩子有一个理想，希望自己将来能成为一个歌唱家。可是，他的第一位老师非但没有鼓励他，还打击了他的梦想，老师说："你怎么能唱好歌呢？你的嗓子很差劲，唱起歌来难听极了。"孩子的母亲是个贫苦的农家妇女，她却搂着自己的孩子，称赞、鼓励他。她对自己的儿子说，他一天天在进步，歌声越来越好听了！母亲光着脚去做工，为的是省下钱来给儿子付音乐班的学费。那位农家母亲的鼓励和称赞，终于改变了孩子的一生——这个孩子就是杰出的歌唱家卡罗沙。

真诚的鼓励可以让每一个平凡的孩子继续他的梦想，明确的目标可以让每一个看起来不可能实现的愿望梦想成真。比起鼓励或挫折，更重要的是我们要保持必胜的信心和坚持下去的意志。

生命有时一片光明，有时会深陷黑暗；有时让人站在人生的巅峰，有时又会将人抛入低谷。挫折是人生旅途中必经的一站，如果我们退缩了，挫折并不会因为你的逃避就放过你。勇敢地接受生活的考验，坚持自己的梦想，总有一天，你会成为最好的女孩。

达娜·侯赛因是伊拉克一名喜欢跑步的女孩，但是在她的国家中，不允许女孩子抛头露面，更别说穿着短裤背心进行体育比赛了。但达娜并没有退却，没有鞋，她就穿着捡来的破旧跑鞋偷偷去体育场练习跑步。但不久后，伊拉克战争爆发了，以美国为首的各方军队在伊拉克打成一团。为了赶去训练，她的教练不得不开着车载着她，冒着枪林弹雨，在一天中8次穿过交战地带才到达了集训地。

即使这样，达娜也没有泄气，她说："如果街道被封锁了，我就换个地方训练，如果枪战发生了，我会绕路走，因为我要实现我的目标。"达娜的成绩不错，她是伊拉克女子100米和200米的全国纪录保持者，她赢得了参加奥运会的资格。达娜的目标很明确，去参加在北京举行的奥运会，她并不奢望能够拿到奖牌，只要能在奥运会的100米和200米的赛道上跑出自己的成绩就满足了。

达娜的心愿被《芝加哥论坛报》报道后，一位名叫劳拉·J·哈根的美国女律师，为达娜邮去一双最新款的跑鞋，并汇去了达娜的训练经费以及去北京的路费。哈根在写给达娜的信上说，"一名选手怎能没有自己的跑鞋？我不是体育迷，但我支持你，我希望能在奥运会的赛场上看到你。"

但是，命运多舛，现实经常与理想开残酷的玩笑。就在达娜准备动身的时候，伊拉克与国际奥委会产生了矛盾，决定不派运动员去北京参加奥运会了。听到这个意外的消息后，达娜流下了伤心的泪水。教练为了宽慰这位21岁的女孩，说："你还可以参加2012年伦敦奥运会。"达娜难过地回答："但是谁敢保证我能活到2012年？"

只要你知道自己去哪儿，全世界都会为你让路，奔着目标前行，总有一盏绿灯为你亮起。经过奥委会的努力，在最后关头，达娜终于获得了北京奥运会的参赛资格。8月16日这天，达娜如愿站到了北京鸟巢体育馆的田径跑道上，看到了达娜，现场的人们纷纷报以热烈的欢呼声，她成功了！虽然以她的成绩并没有进入下一轮比赛，但是达娜说："只要我还活着，我就不会放弃训练和比赛。"

实现梦想的道路上困难重重，有岔路也有障碍，也许你正在焦虑或者苦苦寻找，但是不要灰心，机遇属于坚持的人，只要你有明确的目标，抓住一切可利用的资源寻找机会，总有一天，你会梦想成真，成为最好的女孩。

守稳初心，光明就在转角处

最重要的是，不要去看远处模糊的影子，而要去做手边清楚的事。

著名专栏女作家迪克斯说："我经历过贫困的深渊，别人问我是怎么熬过来的？我回答：'熬得过昨天，我就过得了今天，我决不去想明天会是什么样子！'我深深知道挣扎、焦虑和绝望的滋味，过去，我总是陷入过度劳累中。我过去的生活就像满目疮痍的战场，充满了破碎的梦想和希望的幻觉。总是回忆过去，就像揭开旧伤疤，会令我提前衰老。

"我从不为过去悲伤，我也不羡慕比我过得好的人。因为我真正有血有泪地活过。我饮遍了生命之杯的每一滴的滋味，而别人只是浅尝了一口泡沫。我了解很多别人根本不会知道的事情，走过很多别人根本没办法走过的路。这让我能够看清每一件事，因为只有泪水洗过的眼睛，才更清澈开阔。

"我一点不为曾经受过的苦感到遗憾，因为我从那些痛苦中真正体会到了生命的意义。我发现了一个生活的哲理，那就是'活好今天，绝不为明天烦恼。'明天是什么样子，谁都不知道，所以我没必要去担忧，假若困难真来了，那就'兵来将挡，水来土掩'好了。"

有年春天，一名蒙特瑞综合医院的医科毕业生感觉忧虑极了：我怎样才能通过期末考试？毕业后该做些什么？该到什么地方去？怎样才能开诊所？怎样才能谋生？他拿起一本书，看到了对他的前途有着很大影响的 24 个字。这 24 个字使这位年轻的医科学生成为当时最著名的医学家。他创建了闻名全球的约翰·霍普金斯医学院，成为牛津大学医学院的终身客座教授——这是英国医学界所能得到的最高荣誉——他还被英王封为爵士。

他就是威廉·奥斯勒爵士。那年春天他所看到的那24个字帮助他度过了快乐的一生。这24个字就是："请注意，不要去看远处模糊的影子，而要去做手边清楚的事。"这是文学家汤姆斯·卡莱尔的一句话。

42年后，在开满郁金香的校园中，威廉·奥斯勒爵士向耶鲁大学的学生发表了讲演。他对学生们说："像我这样一个人，曾经在四所大学里当过教授，写过很畅销的书，似乎应该有'不凡的头脑'，不是的，好朋友们都说我的头脑普普通通。"

那么，威廉·奥斯勒爵士成功的秘诀是什么呢？他认为，是因为他生活在"一个完全独立的今天"里。

"一个完全独立的今天"是什么意思？

在去耶鲁演讲之前，威廉·奥斯勒曾经乘坐一艘很大的海轮横渡大西洋。他看见船长在驾驶舱里按下一个按钮，在机器一阵"吱嘎"的响声后，船舱内部立刻彼此隔绝成几个防水的隔舱。奥斯勒博士对耶鲁的学生说："你们每个人的头脑机制都要比那条大海轮更精美，而且要走的航程也遥远得多。我想奉劝诸位：你们也应该学会控制自己的一切。只有活在一个'完全独立的今天'中，才能在航行中确保安全。在你的驾驶舱中，每个大隔舱都有各自的用处。按下一个按钮，用铁门把过去隔断；按下另一个按钮，用铁门把未来也隔断。这时，你拥有的今天已经完全呈现在你面前——埋葬已经逝去的过去，把未来紧紧地关在门外。不念过去，不畏将来，你的希望只存在于今天，未来只是今天的延续。只要做好手边的事，光明就在转角处！"

奥斯勒博士是不是主张人们不用下工夫为明天做准备呢？

不，绝对不是。他接着说，集中所有的智慧，所有的热情和耐心，把今天的工作做得尽善尽美，就是你迎接未来的最好方法。

奥斯勒爵士建议耶鲁大学的学生们在一天开始时对自己说："我们将得到今天的面包。"这句话中仅仅要求今天的面包，并没有抱怨昨天吃的面包酸，也没有说："噢，天哪，麦田里最近很干枯，可能又遇到一次旱灾，我们到秋天还能吃上面包吗？或者，万一我失业了，那时我怎么弄到面包呢？"这句话提醒我们，我们只可要求今天的面包，守住初心，不想太多。

很久以前，一个一文不名的哲学家流浪到一个贫瘠的小乡村，那里的人们过着非常艰苦的生活。一天，在山顶上的人群中，哲学家说出了一段名言，这段话经历了几个世纪，世世代代地流传了下来："不要为明天忧虑，因为明天自有明天的忧虑，一天的难处一天受就足够了。"

很多人都不相信这句"不要为明天忧虑"，把它当作一种多余的忠告，或者把它看作宿命类的哲学，他们说："我一定得为明天忧虑啊！我得为家庭多攒点钱，我得把钱存起来留着养老，我一定得为将来孩子上学做计划和准备。"没错，这些话都对。其实，我认为，哲学家说这句话更多想表达这个意思："不要为明天着急。"

不错，一定要为明天着想，要认真地为明天考虑、计划和准备，可是不要为明天着急，而是要把全部精力放到过好今天。今天，就是你最值得珍惜的，就像英国女首相玛格丽特·撒切尔说的那样：幸福不是什么都不用做，而是给自己安排满工作，到傍晚自己感觉疲倦的时候，就知道自己过了充实的一天。

活好每一天，就是活好一辈子

节省时间，就是使一个人有限的生命更加有效，就等于延长了生命。

那些在事业上取得成就的人，都深深知道时间的价值，德国哲学家叔本华曾说：普通人只想到如何度过时间，可是有才能的人却设法利用了时间。每天只有二十四个小时，你是否想知道，那些最忙的女性是怎样在短短的时间内完成巨大的工作的？

每天，罗斯福总统夫人的日程表都排得满满的——写作、在各地演讲、开展外交活动，很多年龄还没她一半大的女性也难以胜任这些繁重的工作。她在纽约刚接受过采访，立刻就飞往另一个城市参加集会。当采访者向她询问，如何才能有效地安排要完成的事情，她的回答简单明了："我从不浪费一点时间。"罗斯福夫人每天天不亮就起床，一直工作到深夜。那些在报上发表的专栏，都是利用约会或会议之间的空当完成的。

每个人都拥有二十四个小时，和罗斯福夫人一样，而我们又是如何度过的呢？我们总是没时间做自己喜欢的事；没时间读一些好书；没时间学习自修课程；没时间带孩子去动物园；没时间参加家长与老师之间的联谊会等等有益的事……

《如何创造婚姻生活》的作者保罗·波派诺博士在自己的书中说："很多女性都觉得做家务占用了太多时间，这种想法并不正确。如果女性将她一星期内的时间安排详细记录下来，结果一定会让她大吃一惊。"如果你也这样记录一下，你会惊讶地发现，类似"十点至十点十五分，和马蓓儿电话聊天""下午一点至二点，和邻居聊天""八点至下午三点，和哈力叶特逛街，并在外面吃午餐"这样的记录太多了。当记录了一个星期以后，你将会清楚地发现自己在平常的生活中是如何浪费了时间。

我们每天浪费的时间简直是数不胜数，比如等待某人的电话；等候公共汽车和地铁；在美容院的冷气机下面发呆，为什么我们不能将这些时间好好利用起来呢？

已故的哈尔兰·F. 史东先生是美国最高法院的首席法官，他就非常懂得利用这些时间。有一次，他对一个大学应届毕业生说："有很多重要的事情通常用十五分钟就能够完成，但是人们往往会忽视这段时间，将它浪费掉。"

约·基尔兰先生是个"万事通"。人们经常看见他在乘坐地铁的时候，聚精会神地看《济慈诗集》，或是一些专业论文。塞尔德·罗斯福总统的桌上总是放着一本书，当他的约会之间出现一个空档，他就开始看书，有时甚至只有两至三分钟时间。他的儿子小塞尔德·罗斯福曾经描述过："我父亲的卧室里总有一本诗歌集，当他在穿衣服的时候就能够背下一首诗。"

现实生活中有很多人不会比美国总统更忙碌，但他们常常叫喊："我太忙了，哪有时间看书啊！"

如果总感到没时间，就请看一下萨尔瓦多·S. 盖塞缇夫妇如何用高效率的方法进行家庭管理。

萨尔瓦多先生是个资深的顾问工程师，他的妻子迪娜·盖塞缇是他的助手。平时，盖塞缇太太除了照顾他们的三个儿子，料理一成不变的家务以外，还为她的丈夫做秘书、会计、人事经理和研究助手，同时还负责地方社团和教师家长的联谊会工作。

她在写给我的信中说："家里有了三个活泼的小家伙，庞大的房间和花园就更加需要整理；我还要做丈夫的秘书，为他整理文章，构思改进方案，还要提醒他的日程安排；此外还要负责社团活动、宣传文化、宗教的社会职责，我的工作比别人多出两倍。当我给孩子们热奶瓶的时候，当我打扫清洁的时候，都会想出许多增加工作效率的方法。尽可能用最短的时间做完基本的工作，就能够拥有更多的时间做自己喜欢的事情。

"有时候，我们会抛开所有日常事务，集中精力去做一件特殊的事情——我们制订的工作进度表非常有弹性，不是一成不变的。这样有效率有秩序的计划，让我们的生活既充实又富于变化，我感觉十分幸福。"

盖塞缇夫妇懂得如何协调工作和生活的关系。他们的态度是追求成功者必须有的态度。或许你已经发现，那些推动本地社团工作或负责家长教师联谊会的人都是你身边最忙碌的人。但是，她们看上去总是比懒人有更多的时间。难道她们是雇了两个女佣或者没有孩子，每天在床上吃早餐，下午打桥牌的太太？事实并不如此，这些做很多事情的年轻女性都有自己忙碌的工作，都有孩子，还有一个同样忙碌的丈夫，那她们如何能够完成那么多的事情？这仅仅是因为她们会合理安排自己的时间。

属于我们的这个社会很忙碌，白天的时间总是不够用，牺牲睡眠时间来工作，只会让自己焦虑、易怒、思维混乱，因此我们能做的，只有时间管理一条路。为了帮助你能更有效地利用时间，请学会以下规则：

真实记录每天用的时间，检查时间浪费在哪里。

制订下周的时间计划。合理安排每一件事情。也许会出现计划外的事情。但如果坚持按工作计划表行事，你会发现时间增加了。

使用省时省力的方法。比如一次买完所有东西或计划出一个星期的菜单。

利用每天"浪费掉的时间"去做你从没时间做的事。

提高工作效率，用一份时间做两倍工作，盖塞缇太太热奶瓶的时候，会同时帮丈夫制订活动计划；等待烤箱中的肉熟时，会处理公文；看着孩子们在公园玩耍时，会做些织补活儿，这就是用一个小时完成两个小时的工作。

充分利用网络化，以节省时间。

学习聪明地购物，减少逛街的时间。

专心致志工作时，不去理会杂事。你的朋友很快会知道你接待客人的固定时间，同时也会佩服你的时间效率。

在亚尔诺德·白力特的《如何充分利用二十四小时》一书中，他这样感慨："当你清晨睁开眼睛，像变魔术一般，你的生命里就拥有了还没使用的二十四小时！它是你的，是你最宝贵的财产。"

每个人在他的一生中都曾经对自己说过："假如再给我一点时间，我会不会做得更好？"但实际上我们永远也得不到更多的时间。记住，我们只拥有今天的 24 小时。